矿物岩石国家级教学团队建设项目
国家地质学理科基地专项基金（J1210043）项目　　联合资助
中央高校基本科研业务费用专项资金项目

科普教材

晶体魔方

编　　著　赵珊茸
艺术插图　谭希原

中国地质大学出版社有限责任公司
ZHONGGUO DIZHI DAXUE CHUBANSHE YOUXIAN ZEREN GONGSI

图书在版编目(CIP)数据

晶体魔方 / 赵珊茸编著；谭希原图. —武汉：中国地质大学出版社有限责任公司，2013.10

ISBN 978-7-5625-3244-6

Ⅰ.①晶… Ⅱ.①赵…②谭… Ⅲ.①晶体-基本知识 Ⅳ.①O7

中国版本图书馆 CIP 数据核字(2013)第 205106 号

责任编辑：蒋海龙　阎　娟
封面设计：魏少雄
责任校对：张咏梅

晶体魔方

赵珊茸　编　著
谭希原　艺术插图

中国地质大学出版社有限责任公司出版发行
(武汉市洪山区鲁磨路388号　邮政编码430074)

各地新华书店经销　武汉中远印务有限公司印刷
开本 880×1 230　1/32　印张：4.625
2013年10月第1版　2013年10月第1次印刷
ISBN 978-7-5625-3244-6　定价：25.00元
如有印装质量问题请与印刷厂联系调换

感谢晶体——代前言

在大学讲台上讲授《结晶学》课程已经20多个年头了,虽然每年的讲课内容是重复的,但每重复讲授一次我都有新的体会,都有一点点新的改进。日积月累,对"深入浅出"就有了更进一步的认识。把这些在教学过程中积累起来的,将一些深奥的科学知识与日常生活中熟悉的简单比喻相联系的教学方法进行总结,并加以拓展,就形成了这本科普教材《晶体魔方》。

《结晶学》是地质、材料等专业大学生的专业基础课。它理论性强、空间性强、抽象思维强,对大学生来说也是较难学的一门课程。《晶体魔方》科普教材的目的是将《结晶学》这样一门相对比较难懂的课程中的科学概念用深入浅出、形象比喻、趣味性的方式介绍给广大青少年读者,提高他们对自然界广泛存在的晶体的认识;特别是将晶体中所蕴涵的一些数理知识与日常生活、自然界其他规律联系起来,提升他们对自然界一些普遍规律的认识。本书的特色是:以一种常识般的、甚至是天真般的态度来看待一些科学问题,尽量将一些理性、抽象、较难懂的学科概念与日常生活中的现象联系起来,启发思考。本书图片非常丰富,除了插入丰富的与科学内容有关的晶体形态、晶体结构图片外,还设计了一些漫画、素描等艺术插图,以提高本教材的趣味性、艺术欣赏性,也是为科学与艺术有机结合进行有益的探索。全书由赵珊茸撰稿,晶体形态、结构等专业图件由赵珊茸绘制,艺术插图与设计由谭希原完成。部分晶体结构图由何涌提供原图,部分矿物图片由中国地质大学(武汉)"结晶学及矿物学"教学组及"我爱看海"网站提供,宝玉石图片由中国地质大学(武汉)珠宝学院提供。教材出版得到了中国地质大学(武汉)"矿物岩石国家级教学团队"建设项目、"国家地质学理科基地专项基金"项目及科研处的大力资助。在此一并表示衷心感谢!
……
迈进大学门槛不久我就学习《结晶学》了,开始时我感到它很难学,之后却被它逻辑严密、结构巧妙的知识体系所吸引。幸运的是,我在这门课程中遇到了一批非常优秀的老师,是他们耐心细致、引人入胜的讲授带领我进入晶体科学"知识宫殿"。更幸运的是,研究生毕业后,我就成为这门课程的老师。之后的人生道路上我遇到过多次专业的选择,但我始终没离开过晶体及《结晶学》。在"兴趣"这位"老师"的引领下,我慢慢地在晶体科学"知识宫殿"里越走越深、越走越清晰,并由此得到了在科学道路上探索的快乐与幸福!

感谢晶体,是你蕴含的逻辑严密的科学知识体系,打开了我的智慧源泉,训练了我的思维方式;

感谢晶体,在对你的研究过程中,我得到了很多教学与科研上的成果,使我的人生充实并有成就感;

感谢晶体,你自然朴实、纯洁透明、棱角分明的特性,给我以人生的启迪,成为我为人品质的追求目标;

感谢晶体……

赵珊茸
2013年10月
于武昌南望山下地质大学校园内

内容提要

本科普教材以形象、比喻、通俗的方式,介绍了有关晶体对称、晶体结构、矿物、宝石与玉石的有关知识。内容安排是:首先引出晶体的科学概念,并将这一科学概念形象比喻为"魔方";然后依次介绍晶体的形态变换、晶体的对称变换、晶体的结构变换、晶体在地球中的变换、矿物晶体中的珍品(即宝石与玉石);以提出问题的方式进入每节,在介绍内容的同时穿插一些思考题。本教材图片非常丰富,除了插入丰富的与科学内容有关的晶体形态、晶体结构图片外,还设计了一些漫画等艺术插图,以提高本教材的趣味性、艺术欣赏性,也是为科学与艺术有机结合进行有益的探索。

本科普教材适合广大青少年及对晶体感兴趣的读者学习使用,也适合地质学、晶体材料学等专业的大学生参考学习。

目 录
CONTENTS

第 1 章
晶体与"晶体魔方"   1

1.1 什么是晶体？／ 3
1.2 晶体与非晶体怎么区别？／ 7
1.3 晶体像"魔方"吗？／ 10

第 2 章
晶体的形态变换   17

2.1 晶体形态为什么会是规则的多面体？／ 19
2.2 晶体形态与内部的"小方块"的形态一样吗？／ 21
2.3 每种晶体具有自己稳定的形态吗？／ 25
2.4 晶体的形态还可以像树枝、树叶、花朵等植物一样吗？／ 28
2.5 你仔细观察过雪花吗？／ 30
2.6 晶体也可以"孪生"吗？／ 32

第 3 章
晶体的对称变换   35

3.1 对称与不对称的概念很简单吗？／ 37
3.2 晶体的对称与日常生活中出现的对称形式有些什么不同？／ 39

3.3 什么是对称要素、对称要素组合？ / 43

3.4 根据晶体的对称形式,将晶体分成几大类？ / 48

3.5 晶体的对称将会对晶体的物理性质产生怎样的影响？ / 51

3.6 三方对称与六方对称有什么关系？为什么三方对称的晶体往往发育六方柱而不发育三方柱？ / 54

3.7 什么是准晶体？准晶体中蕴涵一些什么样的哲学思想？ / 55

第 4 章
晶体的结构变换 61

4.1 晶体结构看起来很复杂,但却遵循简单的球体堆积原理,这个原理是什么？ / 63

4.2 晶体结构可以视为简单球体堆积,这种堆积结构的"小方块"是什么？ / 73

4.3 什么是晶体结构中的配位多面体？配位多面体一定是结构基团吗？配位多面体与结构中"小方块"有什么区别？ / 75

4.4 成千上万的晶体种类中,晶体结构都不一样吗？ / 88

第 5 章
晶体在地球中的变换——矿物 91

5.1 什么是矿物？ / 93

5.2 地球上矿物晶体是怎么形成的？ / 96

5.3 地球上最常见的矿物是什么？怎么用简单的方法认识它们？ / 100

5.4 地球上矿物有多少种？怎么对它们进行分类？ / 104

5.5 矿物晶体在地球上的分布特征是什么？ / 111

5.6 地球上矿物晶体的对称特点是什么？ / 113

第6章
矿物晶体中的珍品——宝石与玉石 117

6.1 什么样的矿物晶体可以称为宝石与玉石?／119
6.2 宝石和玉石怎么分类?／121
6.3 宝石和玉石为什么会产生瑰丽、坚硬耐久的特征?／125
6.4 一些常见的宝石和玉石有哪些特征?它们的产出条件是什么?／127
6.5 宝石与玉石是怎么划分等级的?／133

参考文献 135

第一章
晶体与"晶体魔方"

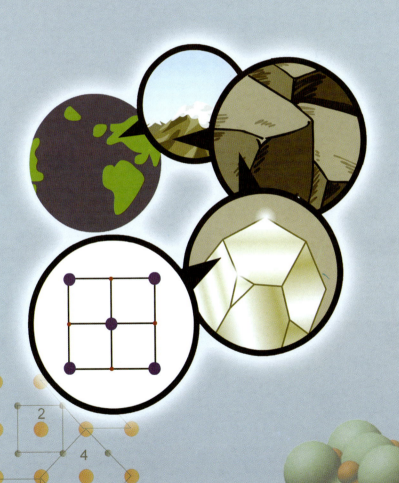

1.1 什么是晶体?

什么是晶体?许多人在山上、在博物馆都见过晶体,似乎都会回答这个问题:就是那些表面光洁的、透明的或闪闪发亮的物质吧(图1-1)。

石英(水晶)

方解石(菊花状)

方解石(白色)与雄黄(橙色)

萤石(蓝色)

石榴子石

电气石(蓝色)与石英石(白色)

黄铁矿(金黄色)

黑钨矿

图1-1　各种晶体图片

那么，玻璃是晶体吗？玻璃也很光洁和透明呀。

玻璃真的也很像是晶体。但是，它不是晶体，它是非晶体或非晶态。

晶体（或晶态）与非晶体（或非晶态）不能只从表面现象上区分，要从内部结构上来区分。凡是晶体，内部的原子或离子或分子是周期性重复排列的，这种周期性就使得晶体内部结构可以人为地画成一格一格的，每一格的内容是完全相同的；凡是非晶体，就画不出这内容完全相同的一格一格的。这就是晶体与非晶体的本质区别（图1-2，1-2'，1-3）。

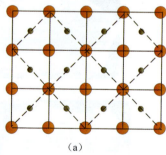

（a）

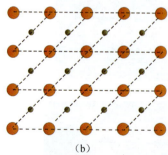

（b）

图1-2　晶体结构示意图，可以人为地画出一格一格的，每一格的内容完全一样，而且可以人为地选择多种画法［图(a)中示出了两种画法，图(b)中示出了一种画法］

做一做

思考题1：你还可以在图1-2中找出另一种画法吗？你试试看。

（答案在本书找）

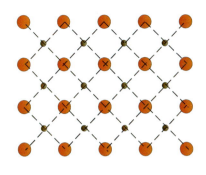

图1-2' 图1-2的另一种画格子的方法

做一做

思考题2：在晶体学中，要求画出的格子要完全一样，图1-2中的图案还可以如图1-2'这样画吗？这画画出来的格子完全一样吗？
（答案在本书找）

由于画格子可以人为地选择，导致一个晶体结构可以产生多种画法，这样会造成混乱，即同样一种晶体结构，不同的人会画出不同的格子。这样不便于研究晶体的结构。所以，画格子就要规定一个原则，这个原则有三点：

（1）格子的对称程度尽量高；
（2）格子的直角尽量多；
（3）格子的体积尽量小。

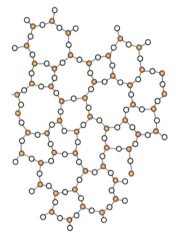

图1-3 非晶体的结构

做一做

你试着在非晶体结构中画出一格一格的，能不能画出内容完全相同的一格一格的？

什么是对称程度呢？

这一点我们在第三章会介绍，简单地说就是：图形相同的部分越多，对称程度就越高。例如，正方形比矩形对称程度高，因为正方形的四条边是等同

5

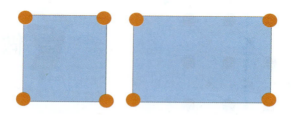

图1-4 正方形(四次对称)与矩形(二次对称)

的,而矩形只有两条边是等同的。所以我们说,正方形具有四次对称而矩形只有二次对称(图1-4)。

有了这个人为的规定,对于一种晶体结构,就只对应一种画格子的方法了,即每种晶体结构,其"小方块"的形状、大小是固定的(图1-5)。

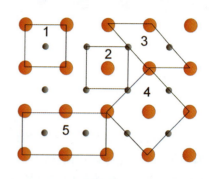

图1-5 在一个平面晶体结构示意图中画格子及对格子的选则(该图中"小方块"的选择就只能是1或2,其他"小方块"都不符合上述的格子选择原则)

做一做

思考题3:图1-6中的晶体结构平面示意图,你能画出其中符合原则的格子吗?(答案在本书找)

图1-6 一个平面结构示意图

1.2 晶体与非晶体怎么区别？

上述的这种晶体与非晶体在结构上的差异，是我们肉眼所不能观察到的，它是微观的原子、离子层次上的，那我们怎样从宏观上鉴别晶体与非晶体呢？

由于晶体具有这种周期性重复的格子状结构，导致晶体在宏观上产生一些与非晶体不同的基本性质，如表1-1、图1-7~图1-10所示、。

表1-1　晶体与非晶体的性质区别

	晶　体	非晶体
性质	可以自发地生长成规则的几何多面体形态	其形态为不规则的浑圆状
	物理性质随方向性变化，即具有各向异性*	物理性质不随方向性变化，即具有各向同性
	具有固定的熔点	没有固定的熔点
	可对X射线发生衍射，形成规律分布或对称分布的衍射斑点	不对X射线发生衍射，只保留一个透光斑点
	内能小而最稳定	内能较大而不稳定

*：有一类对称性很高的晶体（即等轴晶系的晶体），其物理性质也表现为各向同性，但这类晶体的本质还是各向异性的，只不过它们的物理性质反映不了它们的本质各向异性。这个问题在本书第三章有所介绍。

（a）石英晶体

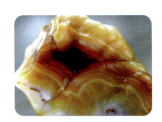
（b）非晶态玛瑙

图1-7　晶体与非晶体在外形上的不同（石英与玛瑙成分都为SiO_2，但石英晶体具有规则几何多面体形态，而玛瑙却是不规则的浑圆状外形）

(a)晶体的物理性质各向异性　　(b)非晶体的物理性质各向同性

> 晶体具有一定的熔点,非晶体没有一定的熔点,这一知识在中学就学过吧!当晶体在熔点时,温度为什么不随加热时间的变化而变化呢?这是因为加热的热能用于熔解晶体结构,即这个热能"变为"打破晶体结构的能量,"不变为"使晶体升温的能量,所以晶体温度不上升了。

想一想

图1-8　晶体与非晶体在光学性质上的不同(光线入射到晶体中,光的波长或振幅随方向而变化,而入射到非晶体中后,光的波长或振幅不随方向而变化,图中用一个椭圆表示不同方向上波长或振幅的不同,而用一个圆形表示各个方向是相同的)

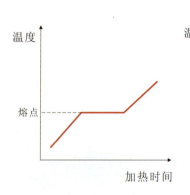 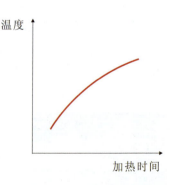

(a)晶体的熔解曲线　　(b)非晶体的熔解曲线

图1-9　晶体与非晶体在熔化行为上的不同(晶体在加热到一定程度时,温度保持不变,晶体开始融化,这个温度就是晶体的熔点;而非晶体没有熔点)

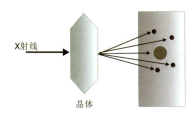

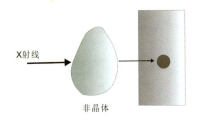

图1-10　晶体与非晶体在对X射线衍射作用上的不同（晶体对X射线的衍射会在某些方向上产生衍射点，并且这些衍射点有规律地分布；非晶体对X射线不会产生衍射，只保留一个透光斑点）

晶体能量低、更稳定，非晶体能量高、不稳定，非晶体会自发地、慢慢地向着晶体的状态演化，但这个过程是漫长的。这个过程叫晶化，或脱玻化。

所以，许多钟乳石、玛瑙等非晶体的物质，我们也通俗地称之为胶体矿物。在漫长的地质年代里，慢慢长出一些纤维状小晶体，这就是晶化或脱玻化（图1-11），俗称胶体老化。

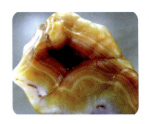  

（a）玛瑙（无晶化）　　　　（b）玛瑙（有晶化）　　　　（c）钟乳石（有晶化）

图1-11　玛瑙、钟乳石非晶体物质的晶化（胶体老化）（非晶体物质一般会形成不规则、浑圆状的环带，如果发生了晶化，就会在垂直环带的方向上有一些纤维状的小晶体，你看到这些小晶体了吗？）

1.3 晶体像"魔方"吗?

在晶体结构中,可以人为地画出三维空间的、内容完全相同的"小方块",叫晶胞。晶体结构就是晶胞在三维空间平行堆积形成的(图1-12)。

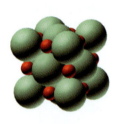

(a) 一个晶胞

(b) 多个晶胞堆积成的晶体结构

图1-12　NaCl(石盐)的晶胞及其堆积形成晶体,形成1mm³的NaCl晶体需要10^8个晶胞

注意:晶胞一定要是平行六面体,如立方体、矩形体、四方柱、斜方柱,等等,如果不是平行六面体,是不能够在三维空间毫无间隙地堆积起来的。

做一做

思考题4:晶胞可能是五方柱形状吗?你用五方柱堆一堆,它能毫无间隙地堆满整个空间吗?

晶胞可能是三方柱形状吗?你用三方柱堆一堆,它能毫无间隙地堆满整个空间吗?两个三方柱拼成的菱形柱可以是晶胞吗?

(答案在本书找)

我们可以把晶胞看成是一个一个的"小方块",晶体内部就是由许多"小方块"堆砌而成的,所以,像是一个"魔方"。当然,"晶体魔方"内部的"小方块"不一定是立方体,可以是多种多样的形态,如四方柱、菱形柱、矩形体,等等,而且,"晶体魔方"的"小方块"内还有许多不同占位的原子、离子,这就使得"晶体魔方"的样式会多样化。图1-13给出了一个魔方和一些"晶体魔方"。

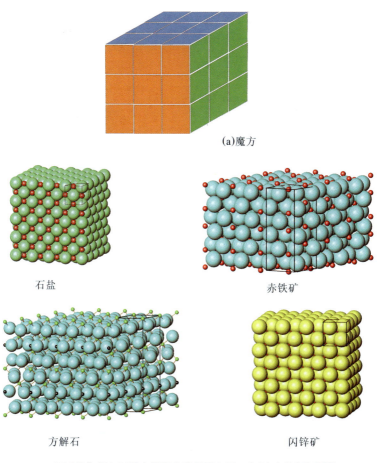

(a)魔方

石盐　　　　　　　　　　　赤铁矿

方解石　　　　　　　　　　闪锌矿

(b)"晶体魔方"(图中用黑色线条画出了一个"小方块"的范围)

图1-13　魔方(a)与"晶体魔方"(b)

不同样式的"晶体魔方"会产生完全不同的形态特点、物理性质特点,如:石盐(NaCl)的"小方块"是立方体,所以其形态是立方体或八面体,有些物理性质是各向同性的(如:光线从不同方向入射后产生的结果是一样的)。方解石($CaCO_3$)的"小方块"是菱形柱,所以其形态主要是六方柱和一些锥面,在"小方块"菱形柱的柱体方向与其他方向的物理性质不同。见图1-14、图1-15。

(a)石盐的晶胞("魔方"),为立方体

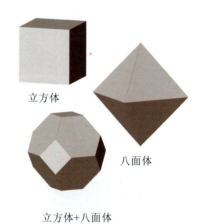

立方体

八面体

立方体+八面体

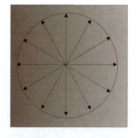

(c)石盐的物理性质(各向同性)　　　　(b)石盐的形态

图1-14　石盐(NaCl)的"魔方"与形态、物理性质

思考题答案

思考题1答案:还可以这样画(示出了三种画法,你还可以找出更多的画法)。

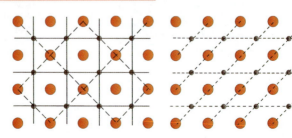

注:这些画法都可保证每一个"小方块"的内容完全相同,但如果要用第5页所述的画格子原则来衡量,有些画法不符合画格子的原则。

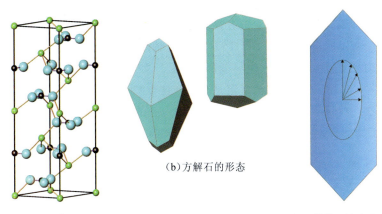

(a) 方解石晶胞("魔方"),为菱形柱　　(b) 方解石的形态　　(c) 方解石的物理性质(各向异性)

图1-15　方解石($CaCO_3$)的"魔方"与形态、物理性质

有的同学会问:方解石可以破裂成一个一个的小方块,把它破裂到最小最小的粒度它也是小方块,这个小方块是它的晶体结构的晶胞(即"小方块")吗?

这是一个很有趣的问题。我们的祖先在远古年代就是根据方解石的小方块来推测晶体内部结构有"小方块"结构的。但是,方解石破裂形成的小方块并不是我们现在所说的晶胞,晶胞这个"小方块"仅仅是晶体内部结构的一个特征,并不能理解为晶体结构可以分裂出一个一个晶胞"小方块",晶胞这个"小方块"仅仅是一个图案上的特征,即晶体结构的特征是可以人为地画出一个一个的晶胞,这个"晶胞"并不能够从实物上把它分离出来!

(a) 方解石碎块

(b) 石英碎块

图1-16　方解石破裂成的小方块(a)与石英破裂成的不规则颗粒(b)

像方解石那样能够破裂成一个一个的"小方块",这是一种力学性质,在矿物学里称"解理"。只有部分晶体能够像方解石那样破裂成一个一个的"小方块",即形成解理(图1-16);大多数晶体不能够破裂成这样的"小方块",如石英晶体,打破它也只能形成一颗一颗不规则的晶粒,形成不了"小方块"。但石英内部结构肯定是有晶胞这个"小方块"的。

那么,方解石破裂形成的"小方块"的形状与它的晶胞形状相同吗?答案是不相同!方解石破裂成的"小方块"与它晶体结构内部的晶胞形状如图1-17所示。

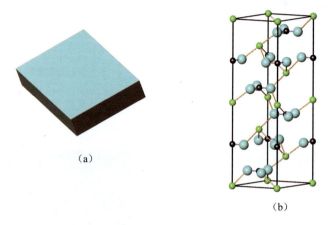

图1-17　方解石破裂形成的解理块理想形状(a)与晶胞形状(b)

总之,晶体可以破裂成一个一个的"小方块"并不一定是它的晶胞形状,晶胞是根据晶体固有的周期性特点人为地画出来的,而晶体可以破裂成一个一个的"小方块"是它的力学性质,这是两个完全不同的概念!

但是,有少数几种晶体,它们受外力后破裂成的小方块的形状恰好就是它们的晶胞形状,如石盐、方铅矿,它们的晶胞形状是立方体,它们受力破裂后形成的小方块也是立方体。这仅仅是一种巧合。晶体破裂的形状由它的力学性质决定,晶胞由原子、离子在空间的周期性排列决定,两者是完全不同的内容!

你可能注意到了:方铅矿(PbS)的结构形式与石盐(NaCl)结构形式是一样的。是的,很多不同晶体的结构形式是一样的,仅仅是将其中的阴、阳

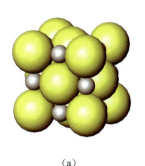 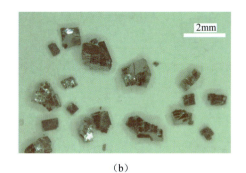

（a） （b）

图1-18 方铅矿（PbS）的晶胞（a）与解理块（b）

离子改变一下（图1-18）。对于这一点，我们在第四章要详细介绍。

可能许多同学会问：石盐的"小方块"是立方体，为什么它的形态除了立方体外还有八面体？方解石"小方块"是菱形柱，为什么它的形态不是菱形柱而是六方柱与各种锥面？关于这一点，我们将在第二章介绍。

> 不能误认为：因为晶体内部是由晶胞这个"小方块"堆垛形成的，所以晶体都能破裂成一个一个的小方块！

想一想

整个自然界中，晶体无处不在。你可能想象不到，组成这个世界的物质，绝大部分在微观世界中都是有这种"魔方"结构的。

大自然把世界上几乎所有的物质都"制造"成晶体，并在晶体中"划分出"一个一个的小方块，使晶体形似"魔方"一样。这个绚丽多彩、复杂多变的世界就是由这个"晶体魔方"变换出来的！

思考题答案

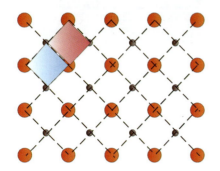
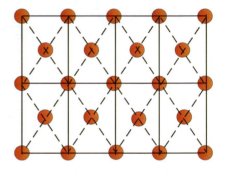

思考题2答案：不能这样画，这样画出来的格子中，不能保证每个格子中的内容一样，图中用红色格子与蓝色格子表示出这两种格子的内容不一样（即点的分布规律不一样）。

思考题3答案：格子应该为实线所画出的格子，也许有的同学会按斜的虚线方向画，但这样画不能保证是直角，所以不对。

思考题4答案：晶胞不可能是五方柱，因为五方柱不是平行六面体，而且五方柱不可能毫无间隙地堆满整个空间，即不可能形成晶体结构。

晶胞不可以是三方柱，因为三方柱不是平行六面体；但是用三方柱是可以毫无间隙地堆满整个空间的，即三方柱可以堆砌成晶体结构，所以，将两个三方柱拼成一个菱形柱，就是平行六面体了，菱形柱可以是晶胞。

下图示出了矩形、正方形、三角形、五边形在平面空间的拼图情况，矩形、正方形、三角形都可以毫无间隙地拼满整个空间，所以，矩形体、立方体、四方柱、两个三方柱拼成的菱形柱都可以是晶胞的形状，但五边形不可以毫无间隙地拼满整个空间，所以五方柱不能堆砌形成晶体结构。

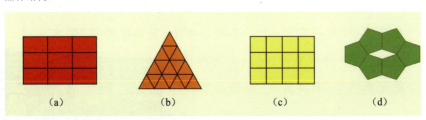

第二章
晶体的形态变换

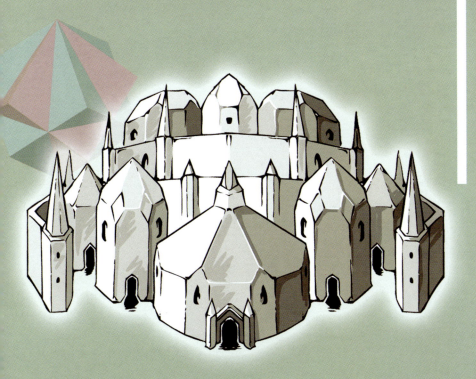

2.1 晶体形态为什么会是规则的多面体？

晶体的形态一定是由光滑平整的晶面组成，晶面与晶面相交就会形成晶棱、角顶。这种形态是晶体生长过程中自然形成的（图2-1）。

绿柱石

石榴子石

辉钼矿

图2-1　几种晶体形态

晶体还会生长？像植物和动物一样？

是呀，晶体也可以从小到大变化，这个变大的过程我们称之为晶体生长。

晶体生长一般是在溶液中进行，如：把盐用开水溶化形成NaCl溶液，然后让水慢慢冷却，盐（NaCl晶体）就会从溶液中结晶出来，这个"结晶"过程就是晶体生长过程。

但是，只有在生长速度缓慢的条

你千万不要误认为晶体形态上的晶面是人为磨出来的，它是晶体在生长过程中自然形成的。

件下才能形成比较好的晶体形态,生长速度很快时只能形成一些很细小的、不规则的颗粒。

为什么晶体能自发地形成这种规则几何多面体,而不是不规则的浑圆状?为什么晶体只发育平整的晶面而不是曲面呢?

所有晶体都有这种"本领",都会自己形成平整的晶面。这个"本领"要归功于晶体内部的"小方块"了。因为晶体内部是由"小方块"组成的,"小方块"堆积形成晶体的过程就像砖头堆砌形成房子一样。房子的墙是平整的,所以晶体的晶面也是平整的(图2-2)。

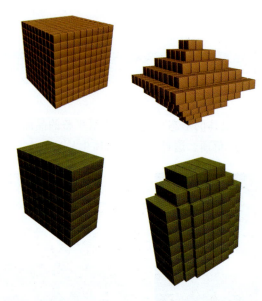

图2-2　各种"小方块"堆积形成各种各样的晶体形态示意

那么,有些房子是曲面的,为什么晶体上的晶面没有曲面的呢?

人们可以用方形的砖块建造圆形曲面的房子,但用方形的砖块建造曲面墙肯定要借助于其他建筑材料,否则不稳定(图2-3)。晶体的形态是自

图2-3　一些圆形建筑物

发形成的,没有人为的因素,也不可能借助其他材料,晶体的"小方块"在自然而然的堆积过程中,一定会选择一种最稳定的形式,所以,晶面就是平直的。

晶体的"小方块"还会自己选择最稳定的形式?

是的,这是自然界普遍遵循的一个法则,就是:凡是能量高的状态,一定会朝着能量低的状态演化,最后,放弃能量高的不稳定状态,选择能量低的稳定状态。

2.2 晶体形态与内部的"小方块"的形态一样吗?

如果晶体形态与内部的"小方块"的形态一样,那晶体的形态就太简单了,所有的晶体都是立方体、四方柱、矩形体这样的形态了;而且,同样一种晶体内部结构中的"小方块"形态是一定的,那么同种晶体的形态也是固定的吗?

事实上,晶体形态多种多样、五花八门,而且同样一种晶体,其形态也是变化的(图2-4)。

(a)石英的晶体形态　　(b)石榴子石的晶体形态　　(c)黄铁矿的晶体形态　　(d)磁铁矿的晶体形态

图2-4　几种晶体形态模型

晶体形态变化多端,没有什么规律可循吗?

当然有,这个规律是:实际晶体往往选择那些能量小的、稳定的平面发育。这里又涉及到选择稳定性的问题,与前面说过的一样,这是自然界普遍遵循的一个法则。

那什么样的晶面能量小而稳定呢?

晶体在生长过程中,可以形成各种各样的晶面,具体在哪个方向形成晶面,与它的结构有关,如果某个方向上的平面内,原子、离子排列得最紧密,化学键最强,我们就说这个平面的内能最小,它就容易发育成晶面。这可以理解为:这个晶面上的原子、离子很稳定,不能动荡,所以能量很小!

如果晶体形态上所有的晶面都是能量很小的,这个晶体形态就越稳定,越容易存在。

例如,对于图2-5(a)的晶体结构平面示意图,实线方向上表示的是原子、离子排列紧密,化学键强的面,这个平面的内能最小,所以就在这个方向上发育成晶面,形成了晶体形态如图2-5(b)所示;而虚线方向表示的是原子、离子排列不紧密,化学键不强的面,这个方向就不发育成晶面。

注意:这里是晶体结构的平面示意图,所以,一个直线方向就代表了一个平面的投影,图2-5(b)中只是一个晶体形态的平面投影图,如果要恢复立体图,见图2-5(c)。

有些晶体在平行于晶胞"小方块"的面的平面恰好是内能最小的平面,

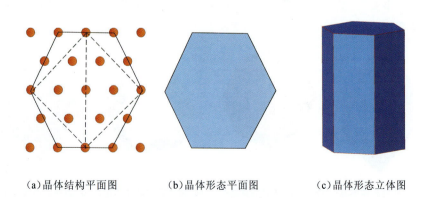

(a)晶体结构平面图　　(b)晶体形态平面图　　(c)晶体形态立体图

图2-5　晶体结构及该结构对应的晶体形态平面示意图及立体图
(晶体结构中实线方向发育成晶面,而虚线方向就不发育成晶面)

这样就导致了晶体上的晶面与内部结构中的"小方块"的面一样,所以,晶体形态与"小方块"形态一样,如石盐(NaCl)晶体形态有时发育成立方体,这时晶体形态就与其内部的"小方块"一样(图2-6)。

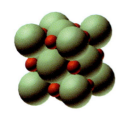  

(a)石盐的晶胞("小方块")　　(b)石盐的晶体形态模型　　(c)石盐晶体

图2-6　石盐(NaCl)晶体形态与内部结构的"小方块"一样

但是,对于一种晶体,结构中的"小方块"的形状是固定的,而晶体的宏观形态却可以变化。石盐的形态除了立方体,还有八面体等,具体形成什么样的形态,与外界温度、压力、杂质等因素有关。这就是说,石盐的结构中除了"小方块"的面所在的平面具有最小的能量外,在晶体结构的其他方向的平面也还存在一些能量小的平面,这些面同样可以发育成晶面(图2-7)。

图2-7　石盐(NaCl)的八面体形态,为立方体+八面体形态

也就是说，一种晶体的晶体形态是多变的，而内部结构中的"小方块"是不变的。一般情况下晶体形态与"小方块"形状不同。下面列出一些晶体的常见形态与其内部"小方块"形态的对比（图2-8）。

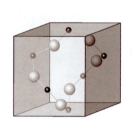

(a)石英结构中的"小方块"，
为菱形柱（内角60°和120°）

(b)石英晶体形态，为六方柱+锥面

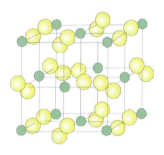

(c)黄铁矿结构中的"小方块"，为立方体

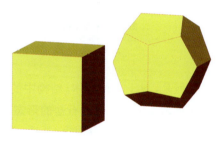

(d)黄铁矿晶体形态，第一个形态
与"小方块"形态一样

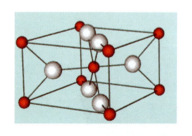

(e)金红石结构中的"小方块"，为四方板状

(f)金红石晶体形态，为四方柱+锥面

图2-8 晶体形态与"小方块"形状的对比

从上面的对比可以发现,晶体内部的"小方块"是很简单的,而晶体形态相对复杂一些。虽然晶体形态与"小方块"不同,但还是有一定相关性的。例如,石英的"小方块"为内角60°和120°的菱形柱,这个菱形柱就与石英形态的六方柱有关,你试试看:三个内角60°和120°的菱形柱可以拼成一个六方柱;黄铁矿的"小方块"为立方体,黄铁矿的形态有时也为立方体;红柱石的"小方块"为四方板柱状,红柱石的形态上的四方柱肯定与之有关。

思考题5:分别判断图2-9(a)和(b)中的晶体结构平面投影图中,哪个方向的平面容易形成晶面?晶体形态应该是怎么样的?并画出晶体结构中的"小方块"。

(答案在本书找)

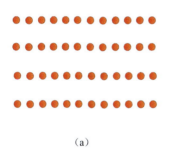

(a)

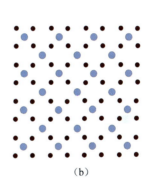

(b)

图2-9 晶体结构平面投影示意图

2.3 每种晶体具有自己稳定的形态吗?

不同的晶体会有不同的形态特征,人们根据形态特征可以初步鉴定晶体种类。如:石英的形态总是六方柱,另加上六个大小不同的锥面,如果看到一种无色透明的晶体具有六方柱和六个大小不等的锥面,就可以初步断定这个晶体就是石英。

也就是说,一种晶体所具有的形态基本上是固定的。

但是,如上所述,晶体会选择那些内能小的平面方向发育成晶面,一种晶体的内部结构中,内能小的平面方向一般有几个,在这几个内能小的平面方向上都可以发育成晶面,到底选择哪个方向发育成晶面呢?这就与外界的温度、压力、杂质等因素有关了,这就导致一种晶体的形态还会随着外界条件的改变而改变,所以,一种晶体的形态又是可变的。

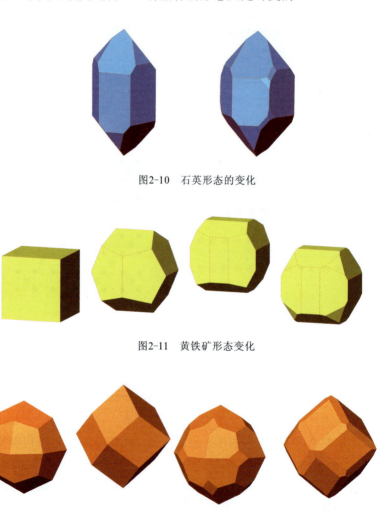

图2-10 石英形态的变化

图2-11 黄铁矿形态变化

图2-12 石榴子石形态变化

虽然晶体形态可以多变，但是，对于同一种晶体来说，内能小的面是固定不变的，因此，它的形态也就只能在这几种平面所组成的晶面的形态范围内变化。也就是说，虽然一种晶体形态是可变的，但是变化范围是有限的，基本上还是由几种固定的晶面组成。例如：图2-10所示，石英总有六个柱面和六个锥面，有时会有更多的小晶面发育；在图2-11的黄铁矿形态中，第三个形态就是由第一个形态和第二个形态组合而成的，第四个形态就是第三个形态多了一种三角形的面；在图2-12的石榴子石形态中也存在这样的组合，即第一个形态和第二个形态组合就是第三个形态，而第四个形态与第三个形态所具有的晶面完全一样，只是晶面的相对大小不同造成了形态的不同。

综上所述，同样一种晶体的形态虽然可变，但是它所具有的内能小的平面方向只有几个，它的晶面也只有在这几个方向上发育，所以，一种晶体的形态变化只是在一个较小的范围内变化。

但是，也有少数晶体的形态变化多端，看不出形态的特征性。例如方解石，它的形态变化太多了，看不出它的形态特征性及规律性（图2-13）。

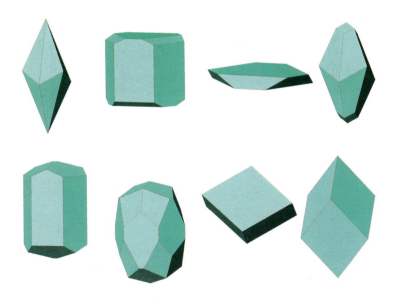

图2-13　方解石的形态

2.4 晶体的形态还可以像树枝、树叶、花朵等植物一样吗?

我们说过,晶体能够自发地形成规则几何多面体形态,这是因为它内部的"小方块"在堆砌过程中自然而然形成的。除了几何多面体形态外,晶体还可以像植物一样,生长成树枝状、树叶状、花朵状的形态,这样的晶体形态比较罕见,而且,大部分这样的形态要在显微镜下才能见到(图2-14)。

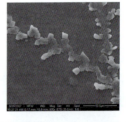

(a)明矾($KAl(SO_4)_2 \cdot 12H_2O$)的树枝状形态　　(b)石盐(NaCl)的水草状形态

(c)$BaCl_2$树枝状形态　　(d)透辉石($CaMgSi_2O_6$)树叶状形态

图2-14　几种树枝状晶体(电子显微镜下照片,照片下都给出了比例尺、放大倍数等,放大倍数为300～2 400不等)

另外,还有一种不需要在显微镜下就能看见的、更为大家所熟悉的"花朵"一样的晶体,叫菊花石。菊花石是由长柱状的天青石($SrSO_4$)或(和)方解石($CaCO_3$)放射状排列形成,在博物馆里面的菊花石一般经过了雕刻等装饰处理,变成了工艺品(图2-15)。

(a)　　　　　　　　　　　　　(b)

图2-15　菊花石原石(a)(颜佳新提供)与
菊花石工艺品(b)(引自昵图网)

树枝等形状的晶体形态是很特殊的,要在特殊条件下才能形成。一般认为形成树枝状晶体形态的条件是:生长速度非常快且比较稳定。

为什么生长速度快就容易形成树枝状晶体呢?下面用一个示意图说明枝晶的生长过程。

图2-16表示出一个树枝状晶体生长的历史,开始的时候,小晶芽是一个小立方体(因为是平面图,所以立方体用一个正方形表示),由于在立方体的角尖处接触溶液环境中的质点(原子、离子)的机会多一些,质点就先落在角尖处,如果生长速度很慢,质点会沿着立方体的面进行扩散,质点就

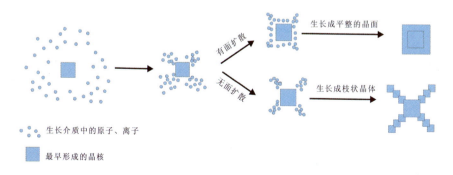

图2-16　枝状晶体形态形成过程示意图

会从角尖处扩散到立方体的面中心的地方落下,并由于这种沿着平面的扩散作用,晶体会长成一个平面。但是,如果生长速度很快,落在角尖处的质点来不及扩散,就在角尖处落下,这样会导致角尖向着溶液方向越来越快地生长,而面中心处由于没有"物质"供应总是生长不了,最后就形成了枝状晶体了。

关于树枝状晶体的形成,还有一种成因解释:树枝状晶体中的枝体,是由许多小晶粒连接形成的。

为什么小晶粒能够连接形成树枝状的形态呢?可以这么比喻:在生长速度很快的情况下,形成的晶粒数目就很多,每个晶体都力争长大,但由于晶粒数目太多了,把生长的结晶质(溶质,或比喻为供晶体生长的营养物质)消耗掉了,所以每个晶体都长不大,形成了许多小晶粒,小晶粒靠的很近,容易连接,如果是任意连接,则会产生很大的界面能,如果是以相同的方向连接,界面能会降低,这样,就形成了固定方向连接的树枝状(图2-17)。

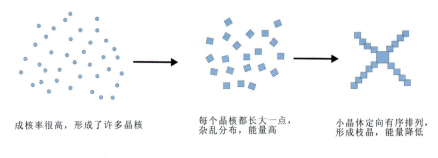

成核率很高,形成了许多晶核　　每个晶核都长大一点,　　小晶体定向有序排列,
　　　　　　　　　　　　　　杂乱分布,能量高　　　　形成枝晶,能量降低

图2-17　晶体连生形成枝状晶体形态过程示意图

2.5 你仔细观察过雪花吗?

雪花可是自然界产出的最美丽的晶体形态呢!

当雪花漫天飞舞从天而降时,你想象过吗,像仙女散花一样飘落下来的雪花,会是什么样的形态呢?

因为雪花很容易溶化,所以很少有人能看清楚它的美貌,也很难将它放在各种显微镜下观察。但有人想出很多办法捕捉到雪花的美丽,图2-18就是各种各样的雪花形态。

图2-18　各种各样的雪花形状(引自http://en.wikipedia.org)

早在1611年开普勒就发表了《论六角形雪花》,开始对雪花形态进行科学思考,他通过观察与对比,发现所有雪花形态总体上都是六方对称的(即有六个对称分布的花瓣),但每片雪花形态细节变化多样。"没有两片雪花的形态是完全相同的",开普勒这样说,似乎是在感叹雪花形态千变万化的事实。

其实,雪花就是一种枝晶,是水(H_2O)在低温的高空中结晶而成的枝状晶体。雪花的具体形态肯定与温度、湿度、空气中的化学成分等因素有关,而且还很敏感地变化,所以才导致雪花的形状千变万化。

雪花是晶体,所以它内部也具有晶胞("小方块"),它的晶胞是菱形柱状的,把三个晶胞连接起来,就形成一个六方柱形状,雪花的花瓣就在这个六方柱的六个棱的方向发育生长(图2-19)。

图2-19　雪花的生长模型

除了雪花，其他物质也可以生长成雪花形状，只要它的晶胞形状与雪花的晶胞形状相似。例如高温石英（β-SiO_2）在快速结晶时就会形成雪花形状（图2-20）。

图2-20　高温石英的雪花状形态（电子显微镜下照片）

2.6 晶体也可以"孪生"吗？

当两个或两个以上的同种晶体连生在一起时，如果它们之间不是任意贴靠在一起的，而是有某种规律地贴靠在一起，我们就称它们是双晶（或孪晶），即孪生晶体。

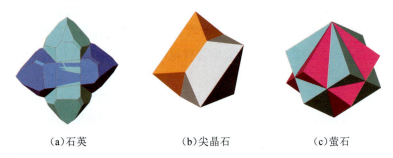

（a）石英　　　　　　（b）尖晶石　　　　　　（c）萤石

图2-21　石英、尖晶石、萤石的双晶模型

你能从图2-21的双晶图中看出它们连生在一起的规律吗？它们在一起是有某种对称规律的。两个单体之间对称分布，就是双晶。关于对称的概念，我们将在第三章介绍。

图2-21所示的晶体孪生现象是宏观的，从宏观形态上就可以看出两个单体。但是，许多晶体的双晶现象是微观的，眼睛看不见明显的两个单体，

而是由两个晶体交织在一起形成在显微镜下才能看到的双晶图案,如图2-22(a)所示是斜长石的格子状双晶,图2-22(b)是钾长石的格子状双晶,图2-22(c)是一种激光晶体($Yb:YAl_3(BO_3)_4$)的格子双晶。

  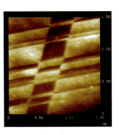

(a)斜长石的格子状双晶 　　(b)钾长石的格子状双晶 　　(c)$Yb:YAl_3(BO_3)_4$晶
（偏光显微镜下图片）　　　（偏光显微镜下图片）　　　 体的格子状双晶(原子
　　　　　　　　　　　　　　　　　　　　　　　　　　　 力显微镜下图片)

图2-22　各种显微双晶结构

思考题5答案:

对思考题5中图2-9(a)的解答图示:左图中实线方向的平面容易发育成晶面,所以形成的晶体形态为片状。图中粉红色的方块代表晶体结构的"小方块"(晶胞)。

对思考题5中图2-9(b)的解答图示:右图(a)中实线方向的平面容易发育成晶面,其中由黑点和蓝色小圆点组成的平面更容易发育成晶面,因为它是由阴阳离子共同组成的面,化学键强一些,所以这个平面发育成的晶面要大一些。形成的晶体形态平面投影图为图(b)所示,立体图为图(c)所示。图中紫色的方块代表晶体结构的"小方块"(晶胞)。

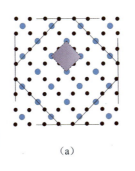

　　　　（a）　　　　　　（b）　　　（c）

双晶是个非常普遍的现象，有些晶体基本上都以双晶的形式出现，找不到它以单晶体的形式出现，为什么呢？这是因为双晶就是将两个同种晶体对称性地连生在一起，而对称是自然界一个普遍的规律，越对称就越能稳定存在。

特别是对那些本身对称性很低的晶体，往往形成双晶的形式，使得对称性提高，这样就比单晶体稳定，所以它们就常常形成双晶，而不以单晶体的形式存在。

那么，什么是对称？这就是我们下一章要讲的内容了。

想一想

这真是一个有趣的现象！晶体会自己想办法提高它的对称性，从而提高它的稳定性，使得它容易在自然界存在。

晶体形态的形成，与我们人类建筑房屋、制造产品的规则一样，但它却是在无任何人为力量的条件下自然而然地形成的。自然界像是有一种神奇的"魔力"，控制着晶体形态的形成！

第三章
晶体的对称变换

3.1 对称与不对称的概念很简单吗?

也许你很容易就能够凭直观判断什么样的图形是对称的,什么样的图形是不对称的(图3-1)。

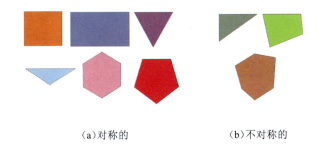

(a)对称的　　　　　　(b)不对称的

图3-1　对称的图形与不对称的图形

但是,图3-2的两个图形,你能判断它们对称吗?它们看上去好像不对称,但是,它们是对称的。

之所以你会觉得图3-2的图形是不对称的,是因为人们习惯用左右(或上下)对应的观点来判断对称,图3-2中图形的左右(或上下)两边不是对应的,所以你会认为它们不对称。但是,它们是以另外一种形式对称的。

那么,判断对称与不对称的标准是什么?

图3-2　判断图形的对称性

对称:物体或图形相同部分有规律地重复。所以,判断对称有两个要点:①物体或图形可以划分两个或两个以上相同的部分;②这些相同的部分要有规律地重复。

图3-2 中的图形,可以划分两个相同部分,这两个相同部分可以旋转180°重复,所以,它们就是对称的。图3-3用红色虚线划分出它们的相同部分,并用椭圆示出旋转180°的轴心所在的地方。

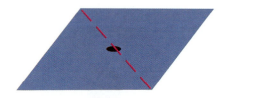 

图3-3 图形划分出的两个相同部分,它们绕椭圆处的点旋转180°重复

另外,图3-2中的图形也可以认为是中心对称,即过中心的任一直线两端等距离的地方都是相同的部分,如图3-4所示。

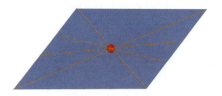 

图3-4 中心对称示意

对称的概念中,"有规律地重复"包含着很广泛的含义,可以是通过旋转重复,可以是反映(镜像)重复;还可以是缩小—放大变换下重复,局部—整体变换下的重复,等等。

图3-5列出了一些"有规律地重复"的图形,它们是缩小—放大变换、或局部—整体变换下的重复,即它们都是对称的。

此外，我们还可以说，事物随着时间周期性重复也是一种"有规律地重复"，也是一种对称，如春、夏、秋、冬。

所以，对称的概念远远不是你想象的那么简单，它包含有很深邃的、抽象的含义。

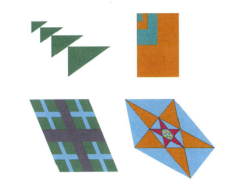

图3-5　缩小-放大变换或局部-整体变换下的对称

3.2 晶体的对称与日常生活中出现的对称形式有些什么不同？

日常生活中及自然界中，我们见到的许多东西都是对称的，如：房屋、器具、动物、植物，等等（图3-6）。

对称的房屋、器具是我们人为设计的，目的是为了美观和实用；而自然界的动物、植物的对称却是自然而然形成的，它们也是为了适应在这个世

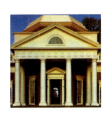 

图3-6　日常生活及自然界中的对称物体

界里生存、发展的需要而演化形成的。也可以说,对称是一种稳定、平衡的物质存在形式,自然界的所有物质应该具有趋向于形成对称的形式。

那么,晶体也是自然界的一种稳定存在形式,所以晶体肯定也是对称的。但是,晶体的对称又有着它特有的规律,这就是晶体的对称特点。

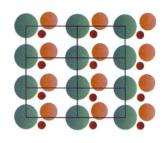

图3-7 晶体结构中的"小方块"及其平移对称

(1) 所有的晶体结构中都有"小方块"(晶胞),晶体结构是由"小方块"堆砌起来形成的,这种堆砌的过程也是"相同部分有规律地重复",符合对称的概念,所以,所有的晶体结构都有这种对称形式,我们称之为平移对称。图3-7示出了一个晶体结构平面图形,从中可以看出之中的"小方块"及其平移对称。

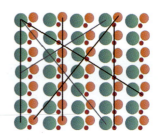

图3-8 晶体结构中任一直线上的周期重复平移对称

当然,图3-7中的"小方块"也可以画在晶体结构中的其他地方,如:画以红色小球为中心,或画以橙色球体为中心,等等。不管画在哪里,画出的"小方块"形状和大小是一样的。

这种平移对称还可以反映在晶体结构的任一直线上,即:晶体结构的任一直线上相同的部分周期性重复出现,图3-8 示出了这种任一直线上的平移对称性。

你仔细看看,在图3-7中,每个"小方块"里的内容是不是完全一样的?在图3-8中,任一直线上是不是总能找到相同的内容,周期性地重复出现?这就是所谓的平移对称。

想一想

(2)"小方块"的堆砌过程中,不能形成五边形、七边形、八变形……的图案(图3-9),所以,晶体的对称不可能有五次及大于

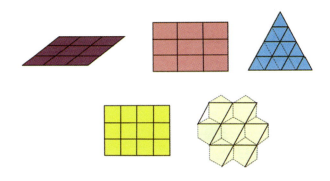

图3-9 "小方块"堆砌形成的一般平行四边形格子图案、矩形格子图案、三角形格子图案、正方形格子图案、六方形格子图案(实线画的是"小方块")

六次的对称轴(关于对称轴的概念我们下一节介绍)。

"小方块"形成不了五边形格子图案、七边形格子图案、八边形格子图案,或反过来说,五边形图案、七边形图案、八边形图案画不出一格一格的、并且是无间隙的排列"小方块"。

(3)晶体的对称不仅体

请你在图3-10中的五边形图案、七边形图案、八边形图案画一画,看看能不能画出一格一格的、并且是无间隙排列的"小方块"?

  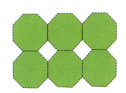

图3-10 五边形、七边形、八边形堆砌所形成的图案

现在形态上,也体现在光学、电学等物理性质上。即晶体的物理性质也有对称性,这种对称性不容易看出来,而要通过测试物理性质来体现。

想一想

总结以上三点就是:所有晶体内部对称具有平移对称;晶体没有五次及高于六次的对称;晶体的对称也能体现到物理性质上。

晶体没有五次对称(即五角星形状的对称)是一种很奇妙的特性,因为许多植物、动物是具有五次对称的,如:花朵、病毒等,见图3-11所示。

（a）梅花　　　　　（b）SARS病毒

图3-11　梅花花朵(五个花瓣所具有的五次对称)(a)和SARS病毒(为二十面体形状,具五次对称)(b)

花朵是植物,是有机物,所以有五次对称(即五个花瓣);而雪花是无机物,就只能是六次对称的(即六个花瓣)。

有人说,五次对称是无机界与有机生命界的分界线,只要是无机化合物就一定没有五次对称,而有机生命物就有五次对称。

为什么呢?对于这个问题我们还在探索中,如果你有兴趣,你也可以加入到研究物质对称的科学队伍中来,也许你会发现更多关于对称的奇妙的现象。

3.3 什么是对称要素、对称要素组合?

3.3.1 晶体上的对称要素

要使物体相同部分有规律地重复所进行的动作叫对称操作;在对称操作时凭借一个面、线、点,就是对称要素。

那么,对称要素有哪些呢?

(1)对称面:为一假想的平面,借助于这个面的反映操作,图形的相同部分重复。反映操作相当于一个镜面的照映,所以对称面也称为镜面。人的双手是典型的镜面关系的实例(图3-12)。图3-13给出了矩形上的对称面和非对称面的区别:矩形上的黑色线切下去的面是对称面;而矩形上的红色线切下去的面不是对称面,虽然它把图形分成两个相同部分,但这两个相同部分不是以该面为镜面关系的。

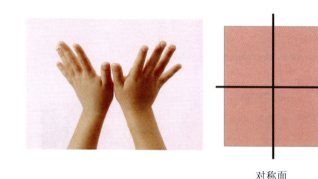

图3-12 人的双手为镜面对称,即:中间存在一个对称面

图3-13 对称面与非对称面的区别

对称面用P表示,可以有多个对称面共存,用3P、5P、7P等表示(图3-14)。

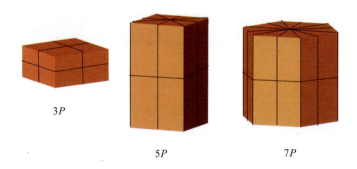

图3-14 多个对称面的形态(黑线画过的地方就是对称面切过的地方)

做一做

思考题6:对照图3-15,你能判断三方柱上有几个对称面吗?你能判断立方体上有几个对称面吗?提示:立方体每个面的对角线方向也有对称面。

(答案在本书找)

(a)三方柱　　　　　　(b)立方体

图3-15 请你在三方柱和立方体上找出对称面

(2)对称轴:为一假想的直线,借助于这根直线的旋转操作,图形的相同部分重复。风车是典型的旋转对称的实例(图3-16)。旋转一周重复的次数称为轴次n,重复时所旋转的最小角度为基转角α,两者之间的关系为:$n = 360°/\alpha$。例如:图3-16中的风车旋转一周重复了4次,所以轴次为4,第一次重复时所旋转的角度为90°,即:$360°/90° = 4$。

图3-16 风车的旋转对称特点

对称轴用L^n表示,如L^1、L^2、L^3、L^4、L^6。

晶体上只能出现一次、二次、三次、四次、六次对称轴,不可能出现五次及大于六次的对称轴,这就是晶体的对称定律。这在晶体的对称特点中已经叙述了。所以,晶体上不可能出现五方柱、七方柱、八方柱……的多面体形态。

图3-17 4个二次对称轴L^2(以椭圆为端点的线条)和1个四次对称轴L^4(以正方形为端点的线条)共存

不同的对称轴可以在一个晶体上同时存在,如图3-17就是同时具有1个L^4、4个L^2的四方柱。

对称轴和对称面也可以同时存在,如图3-18中,有4个对称面和1个四次对称轴。

图3-18 4个对称面和1个四次对称轴共存

思考题7:图3-19的图形中有什么对称要素(同时具有对称轴和对称面)?

(答案在本书找)

图3-19 请找出该晶体形态上的所有对称轴和对称面

(3)对称中心:为一假想的点,借助于这个点的反伸操作,图形的相同部分重复。所谓反伸操作,就是将图形与对称中心做连线,该连线延长到与对称中心等距离的地方形成相同的图形,图3-20是反伸操作的示意图,即三角形ABC通过对称中心(蓝色圆点)反伸形成三角形A′B′C′。

"反伸"这个操作很难想象,可以理解为向相反的方向延伸,前-右方的反方向就是后-左方,上-前方的反方向就是下-后方,等等。

反伸操作在晶体形态上不太容易看出,但如果晶体上有对称中心,则晶面必然成对分布,每对晶面都是两两平行且同形等大。这一特点可以用来判断晶体形态上是否有对称中心。图3-21(a)是有对称中心的晶体形态,图3-21(b)是没有对称中心的晶体形态。

晶体上的对称中心一定在晶体中心,如果有对称中心,则只可能有一个。对称中心的符号一般用C表示。

除了对称面、对称轴、对称中心外,还有一些更复杂的对称要素,我们在此不做介绍了。

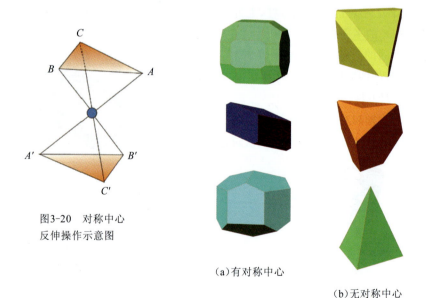

图3-20 对称中心反伸操作示意图

(a)有对称中心

(b)无对称中心

图3-21 有对称中心(a)和无对称中心(b)的晶体形态

3.3.2 对称要素组合

一个晶体上可以同时存在多个对称要素,这些对称要素共存时一定要符合对称要素组合定理,不能任意共存。

一些较简单的对称要素组合定理有:

定理1:如果有一个二次轴L^2垂直n次轴L^n,则必有n个L^2垂直n次轴L^n。并且这n个L^2在垂直L^n平面内均匀分布。

如:当L^2垂直L^2时,导致3 L^2,各对称轴的分布如图3-22(a)所示;

当L^2垂直L^4时,导致$L^4$4 L^2,各对称轴的分布如图3-22(b)所示;

当L^2垂直L^6时,导致$L^6$6 L^2,各对称轴的分布如图3-22(c)所示。

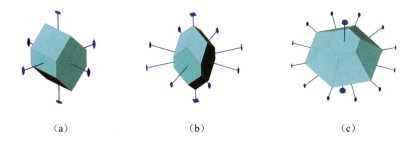

（a） （b） （c）

图3-22 二次轴L^2分别垂直二次轴L^2、四次轴L^4、六次轴L^6的组合情况

那么,当L^2垂直L^3时,会导致什么结果?各对称轴的分布怎样?请你自己画出图。

想一想

定理2：如果有一个对称面P包含n次轴L^n，则必有n个P包含n次轴L^n（图3-23所示）。

定理3：如果有一个偶次轴垂直对称面P，则必在对称轴与对称面的交点上产生一个对称中心C（图3-24）。

有了对称要素组合定理，我们就可以判断一个晶体上的对称要素组合形式的正确与否。

图3-23　四个对称面P包含一个四次轴L^4

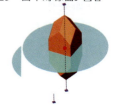

图3-24　四次对称轴L^4与一个对称面P垂直产生一个对称中心C

做一做

思考题8：请你根据上述对称要素组合定理判断下列对称要素组合形式是否正确：
(a)$L^4 3P$；(b) $L^2 2P$；(c)$L^3 2L^2$；(d) $3L^2$；
(e) $L^3 PC$；(f) $L^6 PC$
（答案在本书找）

3.4 根据晶体的对称形式,将晶体分成几大类？

晶体种类有成千上万，根据晶体上的对称要素及其组合形式，可以将晶体进行对称分类。首先，根据晶体上对称要素是否有高次轴（$n>2$的对称轴）及高次轴的数量划分为3个晶族：高级晶族（高次轴多于一个）、中级晶族（高次轴只有一个）和低级晶族（无高次轴）；然后根据具体的对称特点分为7个晶系：等轴晶系、六方晶系、三方晶系、四方晶系、斜方晶系（或称正交晶系）、单斜晶系和三斜晶系。将晶体上对称要素组合形式相同的晶体归为一个晶类，一共有32种对称要素组合形式，所以有32个晶类。一个晶体上所有对称要素组合称为晶体的对称型。所以，具有相同对称型的晶体属于同一个晶类。晶体的对称分类体系见表3-1。

表3-1 晶体的对称分类

晶族	晶系	对称特点	对称型符号
低级晶族（无高次轴）	三斜晶系	无L^2，无P	(1)L^1 (2)C
低级晶族（无高次轴）	单斜晶系	L^2或P不多于1个	(3)L^2 (4)P (5)L^2PC
低级晶族（无高次轴）	斜方晶系	L^2或P多于1个	(6)$3L^2$ (7)$L^2 2P$ (8)$3L^2 3PC$
中级晶族（只有一个高次轴）	四方晶系	有1个L^4或L_i^4	(9)L^4 (10)$L^4 4L^2$ (11)$L^4 PC$ (12)$L^4 P$ (13)$L^4 L^2 5PC$ (14)L_i^4 (15)$L_i^4 2L^2 2P$
中级晶族（只有一个高次轴）	三方晶系	有1个L^3或L_i^3	(16)L^3 (17)$L^3 3L^2$ (18)$L^3 C = L_i^3$ (19)$L^3 P$ (20)$L^3 L^2 3PC = L_i^3 3L^2 3P$
中级晶族（只有一个高次轴）	六方晶系	有1个L^6或L_i^6	(21)L^6 (22)$L^6 6L^2$ (23)$L^6 PC$ (24)$L^6 6P$ (25)$L^6 6L^2 7PC$ (26)$L_i^6 = L^3 P$ (27)$L_i^6 3L^2 3P = L^3 L^2 4P$
高级晶族（有数个高次轴）	等轴晶系	有4个L^3	(28)$3L^2 4L^3$ (29)$3L^2 4L^3 PC$ (30)$3L^4 4L^3 6P$ (31)$3L^4 4L^3 6L^2$ (32)$3L^4 4L^3 6L^2 9PC$

注：表中的L_i^4、L_i^6分别为四次和六次旋转反伸轴，这种对称轴较复杂，在对称要素小节中我们没有介绍。

不同晶系的晶体，其晶胞形状（即"小方块"形状）完全不同，如：等轴晶系的晶体，晶胞形状是立方体；四方晶系的晶体，晶胞形状是四方柱；六方晶系的晶体，晶胞形状是内角为60°和120°的菱形柱，等等。这就说明：①晶胞是决定晶体对称性的本质内因；②晶胞的形状和对称性与晶体宏观形态上的对称型是统一的，即内部结构与外部形态的对称性是统一的。

表3-2列出了一些晶体的所属晶系及"小方块"形状。表中只是给出"小方块"形状，不涉及到"小方块"的大小，因为每种具体晶体的"小方块"大小是不同的，用"晶胞参数"来衡量。本书不介绍这些内容了。

表3-2　一些常见晶体的所属晶族、晶系与"小方块"形状

晶体名称	所属晶族	所属晶系	"小方块"形状
石英	中级晶族	三方晶系	内角为60°和120°的菱形柱
钾长石	低级晶族	单斜晶系	一个方向斜角的平行六面体
斜长石	低级晶族	斜方晶系	三个方向都是斜角的平行六面体
方解石	中级晶族	三方晶系	内角为60°和120°的菱形柱
金刚石	高级晶族	等轴晶系	立方体
黄铁矿	高级晶族	等轴晶系	立方体
金红石	中级晶族	四方晶系	四方柱
绿柱石	中级晶族	六方晶系	内角为60°和120°的菱形柱
石榴子石	高级晶族	等轴晶系	立方体
橄榄石	低级晶族	斜方晶系	矩形体

想一想

晶体的对称分类非常重要，不同晶族、不同晶系的晶体，其物理性质的方向性特征完全不同。
晶体的对称性是决定晶体物理性质方向性特征的最重要的基础。
下面我们就来看看不同对称性的晶体，物理性质有怎样的不同。

3.5 晶体的对称将会对晶体的物理性质产生怎样的影响?

许多物理性质是有方向性的,如:光学、电学、磁学性质等。这些性质在晶体内部就会产生异向性(物理性质随方向而改变)和对称性(物理性质在某些方向上是相同的并有规律地分布)。

但是,物理性质随方向而变化的精度,没有晶体本身所具有的异向性的精度高,即:有些方向性的变化,在晶体的形态、结构上可以体现出来,但是晶体的物理性质却体现不出来。例如:等轴晶系的晶体,形态上可以是一个立方体或八面体等,结构上的"小方块"(晶胞)是一个立方体,但是等轴晶系的晶体在物理性质上却是各向同性的,即:它的物理性质随方向性不变化,可以形象地用一个球体来表示这种各向同性特征。这就是说,等轴晶系晶体本身的异向性体现为一个立方体,但其物理性质却体现不出来这种异向性,而是体现为一个球体所代表的各向同性特征。其他晶系的晶体,在某些方向上的各向异性可以通过物理性质来体现,但另一些方向上物理性质则体现不了各向异性,而是各向同性的。

我们用球体或椭球体来表示晶体的物理性质随方向的变化,用"小方块"的形状来表示各不同对称性的晶体本身的各向异性,见图3-25所示。

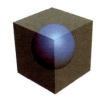
(a)等轴晶系的晶体,"小方块"是立方体,物理性质随方向的变化是球形

(b)四方晶系的晶体,"小方块"是四方柱,物理性质随方向的变化是旋转椭球

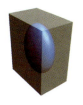
(c)斜方晶系的晶体,"小方块"是矩形体,物理性质随方向的变化是一般椭球

图3-25 各不同对称性的晶体,其物理性质随方向性变化规律

图3-25(a)中,"小方块"是立方体,晶体属于等轴晶系,其物理性质的变化特征是球体,球体的对称性高于立方体。图3-25(b)中,"小方块"是四方柱,晶体属于四方晶系,其物理性质的变化特征是旋转椭球体,这种旋转椭球体在横断面上是圆形,代表这种晶体的物理性质在横断面上是各向同性的,这种旋转椭球体的对称性也比四方柱的对称性高;三方晶系、六方晶系的物理性质变化情况与四方晶系的一样。图3-25(c)中,"小方块"是矩形体,晶体属于斜方晶系,其物理性质的变化特征是一般椭球体,这种一般椭球体在横断面上也是椭圆的,但在斜切面上总能找到两个圆切面,在这两个圆切面上晶体的物理性质是各向同性的,这种一般椭球体的对称性也比矩形体的对称性高。

总之,物理性质的对称性要比晶体本身的对称性高;反过来,物理性质对各向异性的精度比晶体本身的各向异性要低。这句话什么意思呢?就是:有些方向上,晶体本身是各向异性的,但物理性质上却是各向同性的,物理性质体现不了这种各向异性,所以物理性质的各向异性精度低;而各向同性是对称性极高的一种体现,虽然晶体结构不是各向同性的,但晶体物理性质在某些方向上总能体现出各向同性,所以晶体的物理性质要比晶体本身的对称性高。

此外,晶体是否具有对称中心,将会对晶体的物理性质产生重要影响。

如果晶体是没有对称中心的,意味着通过晶体中心的任一直线的两端会有不同的性质,这样的晶体就会在某些方向上出现正、负电荷不平衡的现象,如图3-26所示,

> **想一想**
>
> 请你参照图3-4回忆一下:有对称中心的晶体,通过晶体中心的任一直线的两端性质相同。那么,反过来呢,没有对称中心的晶体,通过晶体中心的任一直线的两端会有不同的性质。

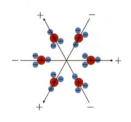

图3-26 没有对称中心的晶体结构示意图

图中用三条带箭头的线标示出正、负电荷不平衡的方向,具有这种正、负电荷不平衡的方向会产生很好的物理效应,如压电效应等,有压电效应的晶体具有很广泛的工业应用价值。例如:石英晶体就具有这种内部结构正、负电荷不平衡的特征,所以,石英具有压电效应,才能制成石英钟。

总之,晶体的对称性对晶体的物理性质及物理性质随方向的变化规律,都具有决定性的作用。

思考题6答案:三方柱上有四个对称面,立方体上有九个对称面。右图中黑色线经过的地方是对称面切过的地方。

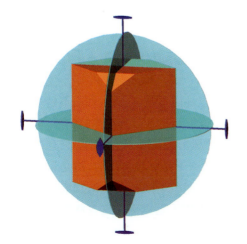

思考题7答案:有三个互相垂直的对称面和三个互相垂直的二次对称轴。

3.6 三方对称与六方对称有什么关系？为什么三方对称的晶体往往发育六方柱而不发育三方柱？

三方对称与六方对称的晶体，其"小方块"的形状是一样的，都是内角120°和60°的菱形柱，而且六方对称包含三方对称，所以我们认为这两种对称是兼容的。

那么，六方对称与三方对称的区别是什么呢？虽然它们的"小方块"形状是一样的，但是它们的内部结构中原子、离子排列方式上肯定不同，三方对称的晶体，内部的原子、离子按三次对称轴（即旋转120°）排列，六方对称的晶体，内部的原子、离子按六次对称轴（即旋转60°）排列。但是，这种排列上的差异在"小方块"的形状上不能体现出来，在晶体的宏观形态上也不容易体现出来。一般说，三方对称的晶体在形态上往往会出现六方对称的形式。

> 为什么说六方对称包含三方对称呢？你可以画一画，一个正六边形里，将相间的角顶相连，肯定可以画出一个等边三角形。所以，六方对称包含三方对称，而且六方对称高于三方对称。

想一想

许多三方对称的晶体往往发育六方柱而不是三方柱，如石英是三方对称的，总是发育一个六方柱（图2-10），方解石也是三方对称的，有时也发育一个六方柱（图2-13），等等。很少见晶体形态具有三方柱的。只有电气石发育一个三方柱，但电气石的三方柱从来不是单独出现的，而是和其他柱面一起出现，有时会出现一个"球面三方柱"的形态，如图3-27所示。

为什么没有三方柱单独出现的形态呢？这是因为三方柱的比表面积大，产生较大的表面能，而表面能大的晶体形态是不稳定的，这一点我们在

晶体立体图　　晶体顶视投影图　　　　晶体立体图　　晶体顶视投影图

（a）电气石晶体，大的三个柱面为一个三方柱，小的六个柱面为一个六方柱，即三方柱不单独出现，而是和六方柱同时出现

（b）电气石晶体上发育许多柱面，导致柱面为球形，从横截面或顶视投影图上可以看出其柱面形成"球面三方柱"

图3-27　电气石的各种晶体形态

第二章就说过。

三方柱的形态表面能大而不稳定，因此，自然界中基本上看不到三方柱的晶体形态。既然三方对称与六方对称是兼容的，所以三方对称的晶体往往发育六方柱而不发育三方柱，以降低表面能。

> 什么是比表面积呢？比表面积是指：在相同体积的情况下表面积的相对大小。你可以用中学学过的知识算一算：三方柱、四方柱、六方柱的形态，在体积相同的情况下，它们的表面积各是多少？你会发现，三方柱的表面积最大。

3.7 什么是准晶体？准晶体中蕴涵一些什么样的哲学思想？

我们在上面介绍晶体的对称时就说过，晶体不能有五次对称轴，因为五次对称与晶体的"小方块"的周期性重复（即平移对称）不兼容。

但是，在生物界（包括植物与动物），五次对称却广泛存在。例如：具有五次对称的花朵（梅花、紫罗兰、迎春花……），具有五次对称的各种病毒

（SARS病毒……）（图3-28），这些现象给人们一种思想：无生命的物质（例如晶体）就不能够有五次对称，而有生命的物质才能有五次对称。无生命与有生命是自然界两个截然不同的世界，所以，五次对称成为这两个截然不同世界的分界线。

然而，在1984年10月，肖特曼（Shechtman D）等在美国物理评论快报上发表文章，报道了具有五次对称的金属相。这一金属相的结构与晶体结构有着明显的区别，它不具有"小方块"的格子状结构，所以它不是晶体，

（a）梅花　　　　　（b）紫罗兰　　　　　（c）SARS病毒

图3-28　五次对称的梅花、紫罗兰、SARS病毒

想一想

前苏联晶体学家别洛夫曾经说过："五次对称是生物为其生存而斗争的特殊武器。"因为生物体中有五次对称，生物才不致结晶（固结），因而有活力，能生长，能演化，能变异，从而形成纷繁多样的生物界。

这句话似乎道出了五次对称的神奇力量，只要具有五次对称，物体就有生命的活力；而相反，如果没有五次对称，物体就是"死"的。

但它又有规律性的重复结构,但这种重复不是周期性重复,而是一种更复杂的重复。那它是什么呢?人们只好给它一个类似于晶体的名字,叫准晶体。虽然晶体中不可能有五次对称,但准晶体中可以有五次对称。图3-29就是一种具有五次对称的、没有"小方块"平移对称、但具有更复杂的重复规律的图案。准晶体就具有这样的结构特点。

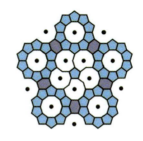

图3-29 具有五次对称的、有规律重复但没有"小方块"平移周期的图案

准晶体是一种特殊的无机物体,是无生命的,为什么它会有五次对称呢?

有人提出这么一种思想:准晶体的发现为生物与非生物架起了一座桥梁。

我们刚才说过,五次对称使物体具有活力。那么,准晶体是具有五次对称的,是否比晶体更具有活力?是否与生物相似?怎么理解、认识"准晶体在生物与非生物之间架起了一座桥梁"?这样的自然观将对我们认识自然界产生深远的影响。

另外一个值得注意的问题是,具有五次对称的图形,往往出现"黄金分割"。我们常常听说有"黄金分割"这个词,它是什么意思呢?"黄金分割"当然不是指的怎样分割黄金,这是一个比喻的说法,它是说分

请你试着在图3-29中画一画,看能否画出一格一格的"小方块"?

割的比例像黄金一样珍贵。那么这个比例是多少呢？是0.618。人们把这个比例的分割点，叫做黄金分割点，把0.618叫做黄金数。

在自然界、生活中，许多地方会出现"黄金分割点"。图3-30展示了人体上出现的黄金分割点；图3-31展示了五角星上的许多黄金分割点。

既然"黄金分割"是自然界的合理数，而五次对称的图案又经常出现"黄金分割"，因此，五次对称也应该是自然界的合理对称形式了。

黄金分割数是自然界的一个合理数，这是因为，自然界的和谐、建筑物的美、植物的生长、动物的繁殖等，在尺寸大小比、种类数量比、增长数量比等，经常出现黄金分割点。某种物体只要在比例上符合黄金分割，就会非常美丽与和谐。

想一想

在生物界经常出现五次对称形式，说明了五次对称的合理性，但为什

最完美的人体：肚脐到脚底的距离 L／头顶到脚底的距离 $H = 0.618$

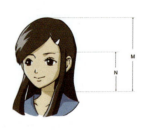

最漂亮的脸庞：眉毛到脖子的距离 N／头顶到脖子的距离 $M = 0.618$

图3-30　人体上的黄金分割点

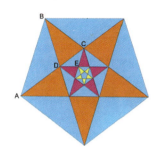

图3-31 五角星上的黄金分割点:每相邻的五边形与五角星的边长之比为黄金分割点,即:A-B与B-C长度比为黄金分割,B-C与C-D长度比为黄金分割,C-D与D-E长度比为黄金分割……

么这种合理性不能延续到无机晶体界?这是从更高的自然观认识晶体的本质。

> 总之,对称性本身就是一个神奇美妙的特征,晶体的对称、准晶体的对称、生物界的对称,又在五次对称的基础上联系起来了,这让我们更加感到,我们所生存的世界里,对称规律变幻莫测,奥妙无穷,等待着我们进一步探索。

对称是一个哲学概念,也是一个数学概念。对称性并不是人们想象中的那么简单,而是高度抽象的、理论性很强的概念。晶体的对称性,却将这种抽象概念以一种美妙的方式体现出来。自然界似乎是有思维的、懂数学的,它会把数学家们在大脑中所构筑的一些图案、数值规律等,以晶体——这种物质存在形式充分地体现出来!

思考题答案

思考题8答案:
(a)$L^4 3P$(错误,应该为:$L^4 4P$,根据组合定理1,四个P包含L^4)
(b)$L^2 2P$(正确,根据组合定理2,两个P包含L^2)
(c)$L^3 2L^2$(错误,应该为:$L^3 3L^2$,根据组合定理1,三个L^2垂直L^3)
(d)$3L^2$(正确,其中一个L^2直立,另外两个L^2垂直这个直立的L^2)
(e)$L^3 PC$(错误,应该为:$L^3 P$,因为L^3不是偶次轴,所以不能产生C)
(f)$L^6 PC$(正确,P垂直L^6,L^6是偶次轴,所以产生C)

60

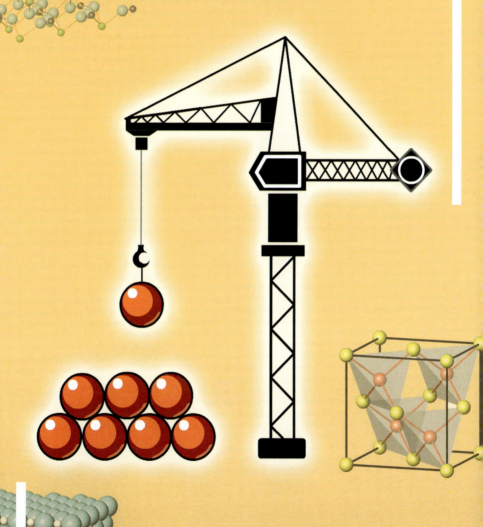

第四章
晶体的结构变换

第四章 晶体的结构变换

4.1 晶体结构看起来很复杂,但却遵循简单的球体堆积原理,这个原理是什么?

一提到晶体结构,大家可能都望而生畏,那么多的原子、离子在空间排列,构成一些非常复杂的空间图案(图4-1),怎么认清它们呢?

然而,许多复杂的晶体结构,你可以将其中的原子、离子看成球体,球

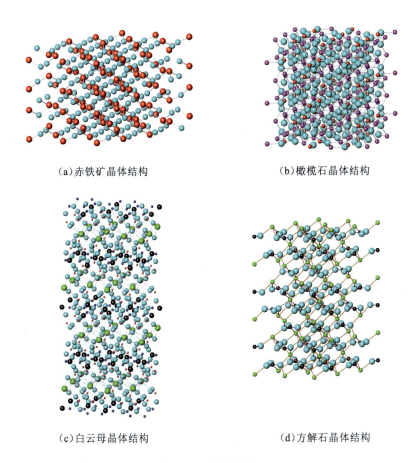

(a)赤铁矿晶体结构　　　　　(b)橄榄石晶体结构

(c)白云母晶体结构　　　　　(d)方解石晶体结构

图4-1　一些晶体结构

这些晶体结构真的是太复杂了，怎么看清楚其中的规律呢？

体堆积起来就可以形成晶体结构。球体堆积一定要最紧密才能形成晶体结构。这就是球体最紧密堆积原理。

我们应该知道，晶体结构中的原子、离子是以化学键联系起来的。不同化学键的特点不同，形成的晶体结构特点也不同。所以，我们首先要介绍一下各种化学键的特点。

各种化学键的特点在中学里学过一些吧？我们回忆一下吧！

4.1.1 各种化学键的特点

离子键的性质是：阴离子与阳离子都是一个带电子云的球体，它们靠静电吸引而成键（图4-2）。离子键没有方向性和饱和性，即：在任何方向都可以成键，成键的数目不受原子的电子分布构型限制。

正是因为离子键没有方向性与饱和性，一个离子尽可能多地与周围的异号离子成键。离子与离子之间组成晶体结构时，往往可以达到最紧密的状态，因为越紧密，结构就越稳定。

图4-2 两个离子的电子云相互吸引形成离子键示意图

正是因为离子键晶体结构可以达到最紧密状态，所以，离子键晶体结构遵循"球体最紧密堆积原理"（图4-3）。这个原理我们将在下面详细介绍。

共价键的性质是：原子与原子之间的电子轨道（或称电子云）发生重叠、共用一对电子而成键。共价键具有方向性和饱和性，即：在什么方向成键、能够形成几个键，都要受各原子外层电子分布构型限制。

图4-3 离子键形成晶体结构时具有紧密堆积特点的示意图

怎么理解共价键的方向性和饱和性呢？

这要涉及到原子外层电子轨道与分布构型，所以比较复杂。我们暂且不考虑太多的关于原子外层电子构型的知识，我们可以这么理解：原子与原子要形成共价键时，原子外的电子云不是球形的，而是各种几何形态，如：哑铃形、三角形、四面体形、八面体形，等等。原子与原子要成共价键，在电子云凸出的地方容易与别的原子的电子云重叠，这种方向就容易成键，其他方向就不容易成键，即：不是在任意方向上都可以成键的。所以，共价键就有方向性和饱和性。

例如：具有哑铃形电子云的原子容易在两个球尖端的方向形成两个共价键[图4-4(a)]；具有三角形电子云的原子容易在三个角尖处形成三个共价键[图4-4(b)]，等等。

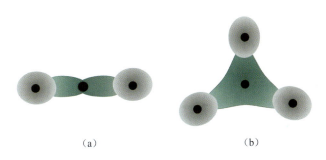

(a)　　　　　　(b)

图4-4　原子通过重叠电子云形成共价键的示意图

由于共价键具有方向性和饱和性，原子与原子之间以共价键组成晶体结构时，不能够达到最紧密的状态。所以，共价键的晶体中原子不能实现"球体最紧密堆积"状态（图4-5）。

金属键的性质是：金属原子之间借助于在整个晶格内运

图4-5　原子以共价键形成晶体结构时结构不紧密堆积的示意图

动着的"自由电子"而相互维系,各金属原子外层电子分布呈球形,原子之间的键力也没有方向性和饱和性,即在任何方向都可以成键,成键的数目不受原子的电子分布构型限制。这种特性与离子键相似,所以,金属原子形成晶体结构时,也可以达到最紧密状态(图4-6),而且由于金属键的晶体一般都是由相同的金属原子组成的单质,如单质Cu、

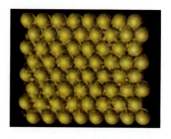

图4-6　原子以金属键形成晶体结构时具有紧密堆积特点的示意图

单质Au、单质Ag,不存在大小不同的阴离子、阳离子,所以金属键晶体结构遵循"等大球最紧密堆积原理"(详见下面的介绍)。

现在,我们对各种不同化学键的晶体结构有了初步了解,即:离子键晶体与金属键晶体中,离子、原子的排列是紧密的;但在共价键晶体中,原子的排列不是紧密的。所以,只有离子键晶体与金属键晶体适合"球体最紧密堆积原理",而共价键晶体并不适合。

4.1.2　球体最紧密堆积原理

我们首先讨论一种原子的堆积——等大球最紧密堆积。

第一层球堆积:一层球体的最紧密堆积如图4-7(a)所示,即各球体之间尽可能多地相互接触才是最紧密的,图4-7(b)就不是一层球的最紧密堆积。

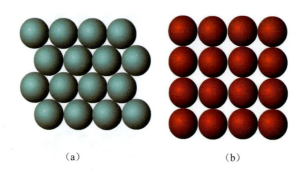

图4-7　一层球体的最紧密堆积(a)与非紧密堆积(b)

在第一层球体的最紧密堆积中,可以标注三种类型的位置:A位,第一层球所在位;B位,三角尖向上的空隙;C位,三角尖向下的空隙。这三种位置将空间所有位置都标定了,不可能再有其他位置了(图4-8)。

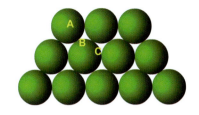

图4-8 第一层球堆积中三种位置的标注

第二层球堆积:第二层球只能堆积在第一层球的空隙位置上才能是最紧密的,显然可以有两种选择,即堆积在B位上(三角尖向上的空隙)或者C位上(三角尖向下的空隙),我们分别用AB和AC来表示(第一层球所在位为A位)(图4-9)。AB和AC这两种堆积结构没有本质区别,因为AB旋转180°就等于AC。

图4-9 第二层球的堆积过程(图示为AB堆积,即第二层球堆积在B位上,C位上就不能堆积了)

第三层球的堆积:第三层球只能堆积在第二层球的空隙位置上才能是最紧密的。同样,第二层球的空隙也有两种,如果设第二层球的位置为B位,那第二层球所形成的三角尖向上的空隙为C位,而三角尖向下的空隙恰好与第一层球所在位置相同,即为A位。所以,第三层球可以堆积在C位上,形成ABC三层堆积结构,也可以堆积在A位上,形成ABA三层堆积结构(图4-10)。

那么,继续堆下去会有什么结果

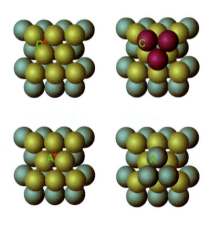

图4-10 第三层球的堆积过程,上排为ABC堆积,下排为ABA堆积

67

做一做

你试着用小球按照上述方法堆三层,看看是不是只有这两种形式?

呢?第4、5、6……层怎么堆呢?

球的堆积过程可以无穷地继续下去,但是球所在的位置只有A、B、C这三种,所以用A、B、C这三个字母可以表达任意多的层的紧密堆积:ABACBABCABCBA-CBCABCABACB……

这是什么意思呢?我们在这里简单地用A、B、C三个字母代表每层球所在的位置。因为空间位置只有三种A、B、C,前三层可以是ABA或ABC,在此基础上添加第四层也只能是A、B、C中的一种,即ABAB或ABAC或ABCB或ABCA,但是添加上去的一层必须与邻近层不同,否则就不是紧密堆积了,即ABAA、ABCC……;添加第五层也只能是A、B、C中的一种……所以,A、B、C三个字母任意相间排列可以表达出任意多层的紧密堆积结构。

但是,任何多层结构的堆积可以分解为ABA和ABC两种堆积形式的组合。例如图4-11所示的ABACBABC这8层堆积结构中,前三层构成ABA,而第2、3、4层构成ABC堆积形式,等等。

上述就是等大球最紧密堆积原理。那么这个原理怎么描述晶体结构

图4-11　多层堆积结构分解为ABC和ABA堆积形式

呢?等大球最紧密堆积原理适合于描述金属单质的结构,因为金属单质就是由同种原子以金属键联系起来的,每个原子大小一样,且金属键没有方

向性和饱和性。例如:单质Cu、单质Ag、单质Au的结构是ABCABC……的堆积结构,而单质Os是ABABAB……的堆积结构。

一般来说,一种晶体结构不可能无序堆积,像ABACBABCABCBAC-BCABCA……这样无序堆积下去的结构在具体晶体结构中是不存在的,所有晶体结构都有一个周期重复的规律,如果是两层重复,就是ABABABAB……,如果是三层重复,就是ABCABCABC……,如果是四层重复,就是ABCBABCBABCB……等。

那么,ABABAB……与ABCABCABC……堆积结构哪个更紧密呢?

它们的紧密度是一样的。它们的空间占有率为74.05%,也就是说,等大球最紧密堆积所形成的结构中,球体所占空间为74.05%,还有24.95%为空隙。

如果将空隙里面也填充一些原子、离子,结构不就更紧密了?

> 现在,你对晶体结构所遵循的简单规律有所了解吧!晶体结构中的原子、离子形成晶体结构时,就像是用小球堆积形成一个模型一样的简单!球体堆积一定要最紧密,否则结构不太稳定。

对!空隙里面可以充填一些小的原子、离子,这就是所谓的非等大球最紧密堆积结构,它适合于描述离子键晶体结构。

下面我们讨论不同大小离子的堆积——非等大球最紧密堆积。

在等大球最紧密堆积的基础上,用小离子充填到大离子堆积后形成的空隙中,就形成了非等大球最紧密堆积。许多离子键晶体结构就是这种堆积结构。因为在离子键晶体中,阴离子很大,阳离子很小,因此我们可以将阴离子视为球体堆积,而阳离子视为充填到球体堆积所形成的空隙中。这样的非等大球最紧密堆积比等大球最紧密堆积还要紧密。图4-12就是一层非等大球最紧密堆积结构示意图。

图4-12中的一层等大球最紧密堆积结构的空隙看上去是三角形的,但是,从三维空间来看,多层球体最紧密堆积结构中,空隙类型有两种:八面体空隙、四面体空隙,见图4-13。空隙的数目为:N个球做最紧密堆积,所形成的八面体空隙数为N个,四面体空隙数为$2N$个。

许多离子键晶体结构就是这种堆积结构,举例如下:

NaCl(石盐)晶体结构中,Cl^-做ABCABC……堆积,Na^+充填到所有八面体空隙中;

K_2O(氧化钾)晶体结构中,O^{2-}作ABCABC……堆积,K^+充填到所有四面体空隙中;

ZnS(闪锌矿)晶体结构中,S^{2-}作ABCABC……堆积,Zn^{2+}充填到半数的四面体空隙中;

NiAs(红砷镍矿)晶体结构中,As^{2-}作ABABAB……堆积,Ni^{2+}充填到所有八面体空隙中。

图4-12 离子键晶体中,非等大球最紧密堆积结构示意(绿色球为阴离子,做等大球最紧密堆积,红色球为阳离子,充填在空隙中)

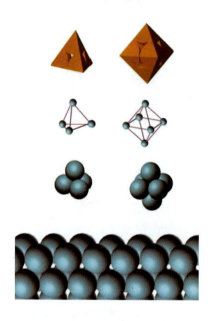

图4-13 等大球最紧密堆积所形成的八面体空隙与四面体空隙[最下面的图示为球体堆积层,其上面的图示为球体堆积中的四面体空隙(三个球组成)和八面体空隙(六个球组成),再上面的图示就是将球体缩小后体现的四面体和八面体]

这些结构的图案见图4-14。

对图4-14中的晶体结构图案需作如下说明。

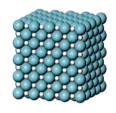

NaCl晶体的堆积结构

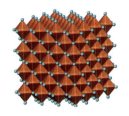

将NaCl结构中阳离子所充填的八面体表达出来的结构图案

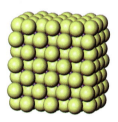

K₂O晶体的堆积结构

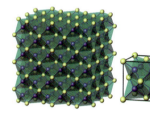

将K₂O结构中阳离子所充填的四面体表达出来的结构图案

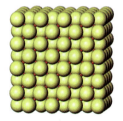

ZnS晶体的堆积结构

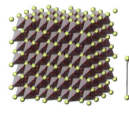

将ZnS结构中阳离子所充填的四面体表达出来的结构图案

NiAs晶体的堆积结构

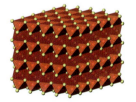

将NiAs结构中阳离子所充填的八面体表达出来的结构图案

图4-14 NaCl(石盐)、K₂O(氧化钾)、ZnS(闪锌矿)、NiAs(红砷镍矿)的结构

(1) 在石盐（NaCl）、K₂O、闪锌矿（ZnS）结构中，阴离子堆积层（即A层、B层、C层）不是水平的，而是在垂直立方块模型的体对角线方向，详见下一小节的图4-16。

(2) K₂O与闪锌矿（ZnS）的结构很相似，其中前者是O^{2-}作ABCABC……堆积，K^+充填到所有四面体空隙中；后者是S^{2-}作ABCABC……堆积，Zn^{2+}充填到半数的四面体空隙中。区别仅仅是阳离子充填四面体空隙的数目不同，这种差别在立体模型上是可以很清楚地看出来的，但在书中的平面图上很难看出差别来，所以我们在图4-14中分别加上了K₂O与闪锌矿（ZnS）的单晶胞（即一个"小方块"），在单晶胞的范围内可以很清楚地看出，K₂O在单晶胞内充填了八个四面体而闪锌矿（ZnS）在单晶胞内只充填了四个四面体。

从上面的举例还可以看出，有些晶体结构中，被充填的是八面体，而另一些被充填的是四面体；有些充填了所有的空隙，而另一些充填的是半数的空隙。这是为什么呀？

这决定于阴离子和阳离子的相对大小、相对数目。如果阳离子较大，就充填八面体空隙，如果较小，就充填四面体空隙，这是因为八面体空隙比四面体空隙大；至于充填的数目，要用球与空隙的数目关系来分析，这个数目关系是：N个球做最紧密堆积，所形成的八面体空隙数为N个，四面体空隙数为$2N$个。如果在化学式中阳离子数目与阴离子数目一样，充填八面体的话，就要全部

想一想

这些晶体结构看上去很复杂，但用球体最紧密堆积原理去描述它们，还是很简单的。

做一做

思考题9：在磁铁矿晶体结构中，O^{2-}做ABCABC……堆积，Fe^{2+}充填在1/4的八面体空隙，Fe^{3+}充填在1/4八面体空隙和1/8四面体空隙，请问磁铁矿的化学式$Fe^{2+}_x Fe^{3+}_y O_4$中，x、y分别等于多少？为什么？

（答案在本书找）

充填;充填四面体的话,只能充填一半。

你会分析吗?试试看!

请分析为什么K_2O晶体结构中,O^{2-}作ABCABC……堆积,K^+充填到所有四面体空隙中?而在闪锌矿(ZnS)晶体结构中,S^{2-}作ABCABC……堆积,Zn^{2+}充填到半数的四面体空隙中?

这是因为K_2O中阳离子是阴离子的两倍,而四面体空隙(阳离子充填)也是球体(阴离子)的两倍,所以可以全部充填;而在闪锌矿(ZnS)中阳离子与阴离子数量相等,阳离子只需充填一半的四面体空隙。

4.2 晶体结构可以视为简单球体堆积,这种堆积结构的"小方块"是什么?

球体最紧密堆积原理是晶体结构所遵循的一种原则,简单概括地说就是:原子、离子构筑晶体结构时,与球体堆积一样简单,但一定要堆积得紧密,否则结构就不稳定,而不稳定的结构就不存在。那么,这种堆积结构与前面我们说过的晶体结构中有"小方块"(即:晶胞)的事实矛盾吗?

不矛盾。在这种球体堆积结构中,可以划分出一个一个的"小方块","小方块"的形状为:ABABAB……形式中"小方块"为具六方对称的菱形柱,所以ABABAB……形式也称六方最紧密堆积;ABCABC……形式中"小方块"为立方体,所以ABCABC……形式也称立方最紧密堆积。

图4-15中,第一个图案用不同颜色标明不同堆积层,最后一个六方柱

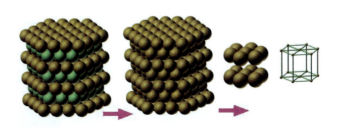

图4-15 ABABAB最紧密堆积的对称形式

是从堆积结构中抽取出来的最小重复单位,说明了这种堆积结构具有六方对称性,但它的"小方块"(即晶胞)形状是一个菱形柱。为什么呢?

我们在前面就说过,晶体结构中的"小方块"一定要是平行六面体,但从ABABAB……堆积结构中抽取出来的是一个六方柱,六方柱不是平行六面体,所以不能说它是"小方块",而六方柱可以再分割为三个菱形柱,这个菱形柱才是晶体结构的"小方块"(晶胞)。

图4-16中,第一个图案用不同颜色标明不同堆积层,最后一个立方体是从堆积结构中抽取出来的最小重复单位(即晶胞),说明了这种堆积结构具有立方对称性。最小重复单位是一个立方体,但在立方体的每个面中央有一个质点。从这个图还应该看出,ABCABC……最紧密堆积的堆积层,对于立方"小方块"来说,是对角线方向,即堆积层平行于立方体的三个面的对角线连接起来的平面。

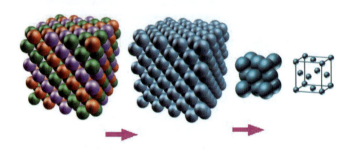

图4-16 ABCABC最紧密堆积的对称形式

球体最紧密堆积原理是原子、离子在形成晶体结构时所遵循的一种原则,按照这种原则构筑成的晶体结构肯定也能画出"小方块"这种图案,因为"小方块"是晶体结构的本质,任何晶体结构都应该有这种本质,即使有些晶体(如共价键晶体)不是遵循球体最紧密堆积原理的,它也有"小方块"这种本质。

4.3 什么是晶体结构中的配位多面体？配位多面体一定是结构基团吗？配位多面体与结构中"小方块"有什么区别？

描述晶体结构，除了用上述的球体堆积原理来描述外，还可以用另一种方法，就是配位多面体及其联接方式。

所谓配位，就是指一个中心原子或离子与其最邻近的原子或异号离子的接触关系，由此引出配位数与配位多面体的概念，配位数是指中心原子或离子与其最邻近的原子或异号离子的数目；配位多面体是指这些最邻近的原子或异号离子的中心连线所形成的一个几何多面体。如图4-17示出了各种配位数与配位多面体。

在离子键晶体中，一般都认为小的阳离子作中心离子，最邻近的阴离子做配位离子，所以，配位多面体都是由阴离子组成的多面体，里面充填一个小阳离子。即：图4-17中的红色小球为阳离子，绿色大球为阴离子。在画成配位多面体时，将球体大小忽略，只考虑多面体的形状。

用配位数与配位多面体也可以描述晶体结

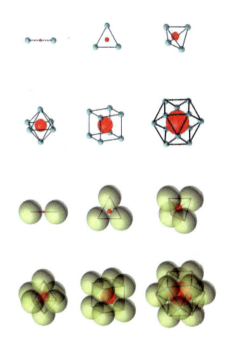

图4-17 各种配位数与配位多面体（下面两行的图示用黄色球体表示阴离子，用红色球体表示阳离子；上面两行的图示是将阴离子缩小后用线条连接起来所形成的配位多面体）

构。例如NaCl结构,用球体堆积的方法描述其结构是:Cl⁻作ABCABC……堆积,Na⁺充填到所有八面体空隙中。如果用配位数与配位多面体的方法来描述就是:Na⁺的配位数是6,配位多面体是八面体,八面体之间共角顶、共棱连接起来,如图4-18所示。

这两种描述晶体结构的方法并不矛盾,只是角度不同而已。用球体最紧密堆积的方法描述,着重点是阴离子,首先看看阴离子的排列方式是ABABAB还是ABCABC,然后再看看阳离子充填在什么空隙;用配位多面体的方法描述,着重点是阳离子,首先看看阳离子周围有几个阴离子,这些阴离子组成什么样的几何多面体。

其实,球体最紧密堆积所形成的空隙,就是配位多面体,里面充填着阳

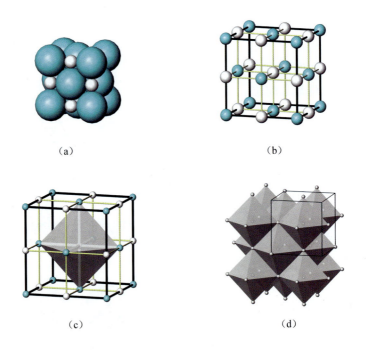

图4-18 (a)NaCl结构的球体堆积形式(单晶胞);(b)NaCl结构将阴离子缩小后的晶体格架形式(单晶胞);(c)NaCl结构一个晶胞内中的一个配位多面体(八面体);(d)NaCl结构中的配位多面体及连接方式

离子。所以,在球体最紧密堆积结构中,配位多面体只能是四面体和八面体,配位数只能是4和6。图4-14右边给出的阳离子充填的四面体或八面体的结构图案,就是将阳离子配位多面体表达出来的图案。

如果已知某个晶体结构中,阴离子是最紧密堆积结构,那阳离子的配位数就只能是4和6,配位多面体就只能是四面体和八面体。反过来,如果发现某晶体结构中阳离子的配位多面体不是四面体和八面体,那这个晶体结构中阴离子肯定不是最紧密堆积结构。

那三角形、立方体等配位多面体出现在什么情况呢?

(1)出现在共价键晶体中。如果原子的电子云是三角形的,只能在三个角尖处与其他原子发生电子云重叠而形成三个共价键,配位多面体为三角形。

(2)出现在阳离子的大小不适合于阴离子最紧密堆积所形成的空隙大小的情况。如图4-19所示。即:某晶体中的阴离子做最紧密堆积后,所形成的四面体空隙和八面体空隙对于阳离子来说太小了,阳离子充填不进去,如果阳离子一定要充填进去,就将原来的四面体或八面体空隙撑开了,就破

> 哦,最紧密堆积结构中的配位多面体只能是四面体和八面体!那图4-17画出那么多的配位多面体,如三角形、立方体等,这些配位多面体是不能出现在最紧密堆积结构的吗?
>
> 对!三角形、立方体等这些配位多面体是不能出现在最紧密堆积结构的。

想一想

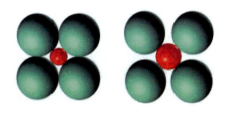

图4-19　阳离子太大将配位多面体撑开,配位数及配位多面体形态都将发生改变

坏了最紧密堆积结构,阳离子的配位多面体就可能变为立方体或其他形状。

所以,离子键晶体中的非等大球最紧密堆积结构,一定要求阳离子大小合适,即阳离子恰好能够充填到四面体与八面体空隙中,否则,实现不了非等大球最紧密堆积。

在图4-18中,我们已经将石盐(NaCl)的结构用配位多面体及其连接方式进行了描述。下面我们将图4-14中的其他三种晶体结构[K_2O、闪锌矿(ZnS)、红砷镍矿(NiAs)]用配位多面体及其连接方式来描述,见图4-20~图4-22。

图4-20中K_2O晶体结构的配位多面体方法的描述是:K^+与周围四个O^{2-}形成四面体配位,即:$[KO_4]$四面体,四面体之间共棱连接。如果用球体堆积方法描述是:O^{2-}作ABCABC……堆积,K^+充填到所有四面体空隙中。

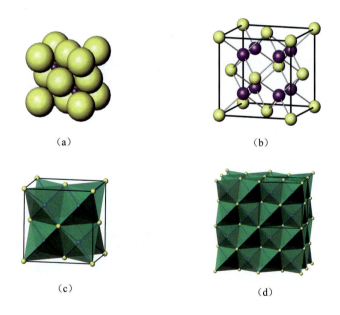

图4-20 (a)K_2O晶体结构的球体堆积形式(单晶胞);(b)K_2O晶体结构将阴离子缩小后的晶体格架形式(单晶胞);(c)K_2O晶体结构四个晶胞内的八个配位多面体(四面体);(d)K_2O晶体结构中的配位多面体及连接方式

图4-21中ZnS(闪锌矿)晶体结构的配位多面体方法的描述是：Zn^{2+}与周围4个S^{2-}形成四面体配位，即：$[ZnS_4]$四面体，四面体之间共角顶连接。如果用球体堆积描述是：S^{2-}作ABCABC……堆积，Zn^{2+}充填到半数的四面体空隙中。

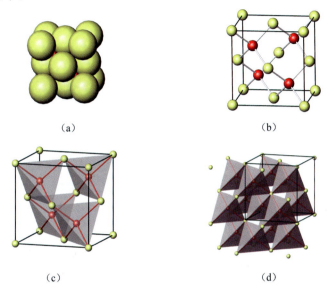

(a)　　　　　　　　　　(b)

(c)　　　　　　　　　　(d)

图4-21　(a)ZnS(闪锌矿)晶体结构的球体堆积形式(单晶胞)；(b)ZnS(闪锌矿)晶体结构将阴离子缩小后的晶体格架形式(单晶胞)；(c)ZnS(闪锌矿)晶体结构一个晶胞内的四个配位多面体(四面体)；(d)ZnS(闪锌矿)晶体结构中的配位多面体及连接方式

图4-22中NiAs(红砷镍矿)晶体结构配位多面体方法的描述是：Ni^{2+}与周围6个As^{2-}形成八面体配位，即：$[NiO_6]$八面体，八面体之间在水平层内共棱连接，在上下层之间为共面连接。如果用球体堆积描述是：As^{2-}作ABABAB……堆积，Ni^{2+}充填到所有八面体空隙中。

从上面的结构描述可以看出，单独用球体堆积的方法，或单独用配位多面体连接的方法描述晶体结构都有信息不全面的缺陷，所以，对于某种晶体结构，最好是将球体堆积方式和配位多面体方式两种方法结合起来描述。

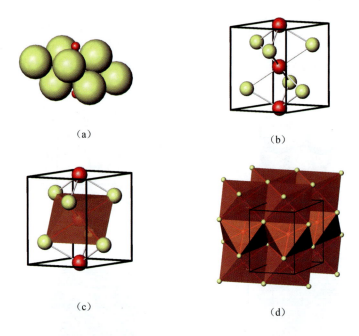

图4-22 (a)NiAs(红砷镍矿)晶体结构的球体堆积形式(单晶胞);(b)NiAs(红砷镍矿)晶体结构将阴离子缩小后的晶体格架形式(单晶胞);(c)NiAs(红砷镍矿)晶体结构一个晶胞内的1个配位多面体(八面体);(d)NiAs(红砷镍矿)晶体结构中的配位多面体及连接方式

配位多面体方法的描述比球体最紧密堆积方法的描述适用性更广,因为那些不是最紧密堆积的结构也能用配位多面体的方法描述。

下面我们将本章最开始给出的四种晶体结构进行描述,有了这些描述,你就可以认清这些晶体结构的规律了,就不会觉得晶体结构那么复杂了。

(1)赤铁矿(Fe_2O_3)的结构:O^{2-}作ABABAB……六方最紧密堆积,Fe^{3+}充填在2/3的八面体空隙;[FeO_6]八面体共棱连接,因为只充填了2/3的八面体,还有1/3八面体是空着的,被充填的八面体与空着的八面体均匀分布(图4-23)。

(2)橄榄石(Mg_2SiO_4)的结构:O^{2-}做ABABAB……六方最紧密堆积,Mg^{2+}充填在1/2的八面体空隙,Si^{4+}充填在1/8的四面体空隙;[MgO_6]八面体共棱连接形成一个一个"Z"字形的链,链间分布着[SiO₄]四面体。因为只充填了1/2的八面体,还有1/2八面体是空着的,空着的八面体也形成一个

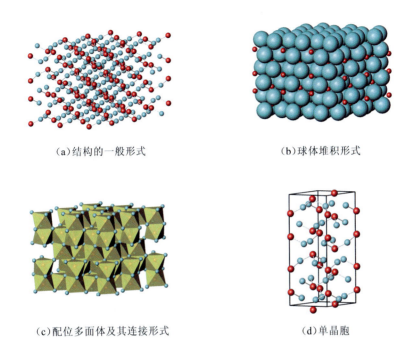

(a)结构的一般形式　　　　　(b)球体堆积形式

(c)配位多面体及其连接形式　　(d)单晶胞

图4-23　赤铁矿晶体结构描述与分析

一个"Z"字形的链,与充填了的[MgO₆]八面体"Z"字形链相间、均匀分布。在空着的八面体"Z"字形链间,分布着一些孤立的[SiO₄]四面体(图4-24)。这些"Z"字形链在图4-24(c)中看得不太清楚,但在图4-28的橄榄石结构平面投影图中看得很清楚。

(3)白云母($KAl_2[AlSi_3O_{10}](OH)_2$)的结构:由于结构中存在大的络阴离子$[AlSi_3O_{10}]$,且络阴离子内部为共价键,所以整个结构中$O^{2-}$不做最紧密堆积,因此只用配位多面体方式描述。络阴离子$[AlSi_3O_{10}]$为$[SiO_4]$四面体和$[AlO_4]$四面体共角顶组成的层状,简记为T层,两个T层相对,中间夹一

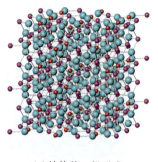
(a) 结构的一般形式

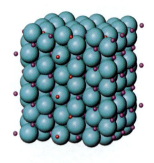
(b) 球体堆积形式

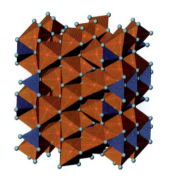
(c) 配位多面体及其连接形式

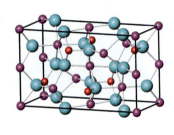
(d) 单晶胞

图 4-24　橄榄石晶体结构描述与分析

层 $[AlO_6]$ 八面体共棱连接形成一个层,简记为 O 层,所以 TOT 层就形成了一个大的单元层,在单元层之间存在大阳离子 K^+,整个结构的简化形式见图 4-25(d)。

（4）方解石（$Ca[CO_3]$）的结构：由于结构中存在络阴离子 $[CO_3]^{2-}$,且络阴离子内部为共价键,所以整个结构中 O^{2-} 不做最紧密堆积,因此只用配位多面体方式描述。方解石的结构看上去很复杂,但它是 NaCl 型结构的衍生结构,即：络阴离子 $[CO_3]^{2-}$ 为平面三角形,占据在 NaCl 型结构中的阴离

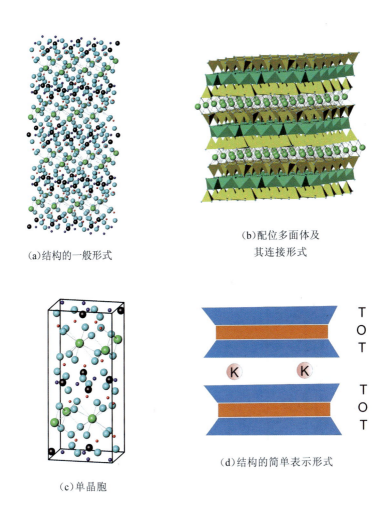

(a) 结构的一般形式

(b) 配位多面体及其连接形式

(c) 单晶胞

(d) 结构的简单表示形式

图4-25　白云母晶体结构描述与分析

子位置，Ca^{2+}占据在NaCl型结构中的阳离子位置，因为NaCl型结构很简单（见图4-18），所以方解石的结构就很容易理解了。因为NaCl型是球体紧密堆积结构，所以从这个意义上看也可以用紧密堆积结构来描述方解石结构：络阴离子$[CO_3]^{2-}$作ABCABC……立方最紧密堆积，Ca^{2+}充填在所有八面体空隙。但这种描述是形象化的,因为$[CO_3]^{2-}$不是球体形状,而是平面三角形(图4-26)。

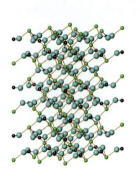

(a)结构的一般形式

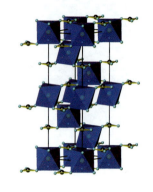

(b)配位多面体及其连接形式

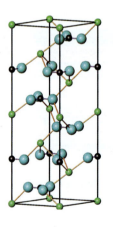

(c)单晶胞

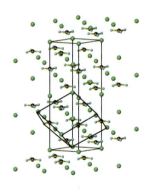

(d)与NaCl型结构类比(图中变形的立方体就相当于NaCl型结构的晶胞)

图4-26 方解石晶体结构描述与分析

所有的晶体结构,不管是不是球体紧密堆积结构,都可以用配位多面体的形式来描述和表达。那么,这些配位多面体就是晶体结构中的"结构基团"吗?

不一定。所谓"结构基团",一定是晶体结构中几个离子相对于其他离子更紧密地结合形成的一个基团,一般来说,络阴离子或含氧酸根就是一个结构基团,如方解石结构中都含有一个碳酸根$[CO_3]^{2-}$,在晶体结构中这个$[CO_3]^{2-}$就是一个以C离子为中心、周围有三个O离子紧密与C结合形成的一个"结构基团",如果从配位的角度来看,C离子的配位数为3,配位多面体是三角形,在图4-26中可以看出$[CO_3]$结构基团;但是,方解石结构中除了有$[CO_3]$三角形外,还有$[CaO_6]$八面体,$[CaO_6]$八面体就仅仅是一个配位多面体,而不是一个结构基团,因为Ca与O并没有结合很紧密而形成一个结构基团。再例如,橄榄石晶体结构中,$[SiO_4]^{4-}$也是一个以Si离子为中心,周围有4个O离子紧密与Si结合形成的一个"结构基团",在图4-24中可以看出$[SiO_4]$结构基团;但是,橄榄石结构中除了有$[SiO_4]$四面体外,还有$[MgO_6]$八面体,$[MgO_6]$八面体就仅仅是一个配位多面体,而不是一个结构基团,因为Mg与O并没有结合很紧密而形成一个结构基团。图4-27给出了方解石和橄榄石只保留$[CO_3]$三角形、$[SiO_4]$四面体这种"结构基团"的晶体结构图案,不是"结构基团"的配位多面体就去掉了。

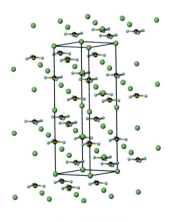
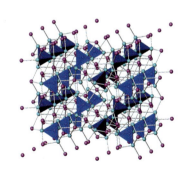

(a)方解石晶体结构　　　　　　　(b)橄榄石晶体结构

图4-27　方解石和橄榄石只保留"结构基团"的配位多面体的结构图案

在 NaCl、K₂O、ZnS 等结构中都没有结构基团,它们的结构中各离子分布是均匀的,但它们都有配位多面体,所以,配位多面体并不是晶体结构中的结构基团。配位多面体仅仅是描述晶体结构的一种方法,它要说清楚的是:这个晶体结构中,某个阳离子周围有几个阴离子(或某个阴离子周围有几个阳离子),这些周围阴离子(或阳离子)是怎么分布的。配位多面体也并不是结构中真的存在的一个几何多面体,配位多面体是我们人为画出来的,用来帮助我们理解、认清晶体结构的规律。

此外,配位多面体与"小方块"(即晶胞)是两个完全不同的概念,一定不要弄混淆!配位多面体是人为画出的一个结构模块,该模块表达了一个阳离子周围有几个阴离子与它成键的含义;"小方块"也是人为画出的一个结构图案,该图案表达了整个晶体结构的最小重复单位,即整个晶体结构就是将"小方块"在三维空间无穷堆垛起来形成的。从图4-18、图4-20、图4-21、图4-22都可以看出配位多面体与"小方块"的关系(这些图中黑色方框表示的是"小方块")。图4-28给出了橄榄石晶体结构中的配位多面体与"小方块"的关系(平面投影示意图)。

从图4-18、图4-20、图4-21、图4-22、图4-28可以得出配位多面体与"小方块"的以下不同特点:

(1)配位多面体可以是任意形态,最常见的形态是四面体和八面体;"小方块"只能是平行六面体(如立方体、四方柱、菱形柱、矩形体等)。

(2)配位多面体在晶体结构中的连接不是无空隙的,而且一个晶体结

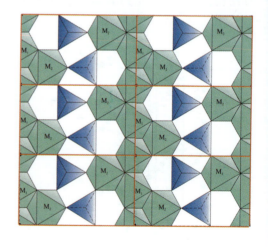

图4-28 橄榄石晶体结构中画出的配位多面体与"小方块"的关系(平面投影示意图)

注:蓝色三角形为[SiO₄]四面体的投影,绿色六边形为[MgO₆]八面体的投影,橙色线条画出了结构的"小方块"。

构可以同时存在各种不同形态的配位多面体;"小方块"在晶体结构中一定是毫无间隙地堆垛,一个晶体结构的"小方块"形状是固定不变的。

下面我们将晶体结构的规律性总结一下吧!

为了研究晶体结构,人们从三个方面(或三个视角)进行描述:

(1)晶体结构都是周期性重复的,只要找出最小的重复单位,把这个最小重复单位内的结构弄清楚,整个结构就弄清楚了。这就是"小方块"的含义。

(2)晶体结构中大多存在阳离子、阴离子,而且阳离子与阴离子一定要相互成键,只要把结构中阳离子周围的阴离子数目、排布方式(即配位多面体)弄清楚,结构的特点也就弄清楚了。这就是配位多面体的含义。

(3)对于离子键晶体和金属键晶体,原子、离子在晶体结构中的排列一般都能达到最紧密,所以,原子、离子的排列规律遵循球体紧密堆积原理,有两种方式:ABAB……和ABCABC……只要弄清楚阴离子的排列是这两种方式的哪一种,然后再看看阳离子充填在什么空隙,晶体结构特点也就弄清楚了。这就是球体最紧密堆积原理的含义。

4.4 成千上万的晶体种类中,晶体结构都不一样吗?

晶体有成千上万种,每种晶体的成分肯定不同,但结构相同吗?如果成千上万种晶体具有成千上万种晶体结构,那我们研究晶体结构就太复杂了。

事实上,许多晶体的结构是相同的,这就是同型结构的概念。例如,NaCl的结构我们已经很熟悉了,与NaCl结构相同的晶体还有:PbS(方铅矿)、MgO(方镁石)、Fe[S_2](黄铁矿)、Ca[CO_3](方解石)等。我们称这些晶体的结构为NaCl型结构,或NaCl型结构的衍生结构。描述这些晶体结构时,我们就借用NaCl型结构的描述方法就行了。

NaCl(石盐)晶体结构中,Cl^-作ABCABC……堆积,Na^+充填到所有八面体空隙中。

PbS(方铅矿)晶体结构中,S^{2-}作ABCABC……堆积,Pb^{2+}充填到所有八面体空隙中。

MgO(方镁石)晶体结构中,O^{2-}作ABCABC……堆积,Mg^{2+}充填到所有八面体空隙中。

Fe[S_2](黄铁矿)晶体结构中,[S_2]作ABCABC……堆积,Fe^{2+}充填到所有八面体空隙中;由于[S_2]是哑铃状的,所以晶体结构在NaCl型结构上有所改变(衍生)[图4-29(a)]。

Ca[CO_3](方解石)晶体结构中,[CO_3]作ABCABC……堆积,Ca^{2+}充填到所有八面体空隙中;由于[CO_3]是平面三角形的,所以晶体结构在NaCl型结构上有所改变(衍生)[图4-29(b)]。

与此类似,具有与ZnS(闪锌矿)同结构的晶体有:CuCl(铜盐)、HgS(黑辰砂)等等,这些结构的描述也是相同的:

ZnS(闪锌矿)晶体结构中,S^{2-}作ABCABC……堆积,Zn^{2+}充填到半数的四面体空隙中;

CuCl(铜盐)晶体结构中,Cl^-作ABCABC……堆积,Cu^+充填到半数的四面体空隙中；

HgS（黑辰砂）晶体结构中，S^{2-}作ABCABC……堆积，Hg^{2+}充填到半数的四面体空隙中。

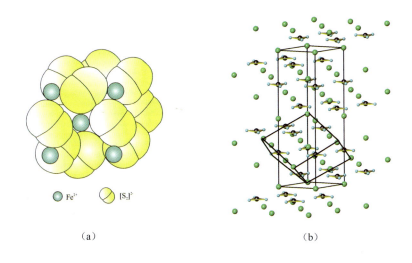

图4-29　黄铁矿晶体结构（a）与方解石的晶体结构（b）

在成千上万种晶体中，有许多成分不同的晶体却具有相同的晶体结构。这是因为，尽管原子、离子不同，但构筑晶体结构的原理是相同的，所以就导致许多晶体结构相同。这样给我们研究晶体结构带来许多方便，只要弄清楚同型结构的晶体中的一种结构，其他结构都迎刃而解了。

> 晶体结构中的原子、离子的排列规律，就像我们堆积小球一样简单。如果将小球随意地堆积可以形成各种各样的结构，但是，晶体结构只选择那些堆积紧密的、稳定的结构，因为只有这样的结构才不会"倒塌"。微观世界里面的原子、离子在构筑晶体结构时好像也有一种人为因素在帮助它们作出选择！

思考题答案

思考题9答案：$x=1$，$y=2$。因为N个球作最紧密堆积，所形成的八面体空隙数为N个，所以化学式中的4个O^{2-}对应有4个八面体空隙，Fe^{2+}充填在1/4的八面体空隙，所以化学式中Fe^{2+}的数目为$4×1/4=1$；Fe^{3+}充填在1/4八面体空隙和1/8四面体空隙，充填在1/4八面体空隙的Fe^{3+}与Fe^{2+}的数目一样，也是1，而充填在1/8四面体空隙的Fe^{3+}的数目也为1（因为N个球作最紧密堆积，所形成的四面体空隙数为$2N$个，所以4个O^{2-}对应8个四面体空隙，$8×1/8=1$），所以Fe^{3+}的数目为$1+1=2$，所以$y=2$。

第五章
晶体在地球中的变换——矿物

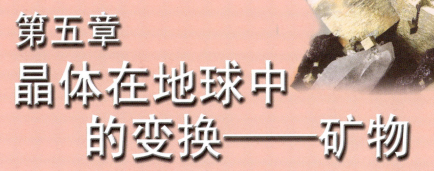

5.1 什么是矿物？

简单地说，地球上自然形成的晶体就是矿物。

严格的矿物概念是：在地球上通过地质作用形成的、具有相对稳定化学成分和内部晶体结构的单质或化合物，它们是岩石和矿石的基本组成单位。

怎么理解这个概念呢？

首先，矿物必须是地质作用形成的物体，也就是说，矿物一定是地球上自然形成的，如果是在实验室合成的，就不能算是矿物。

其次，同种矿物的化学成分和内部晶体结构是相对固定不变的，不同矿物种之间的化学成分和内部晶体结构就肯定不同，这样才能区分不同矿物"种"。例如：石英的化学成分、晶体结构与方解石的化学成分、晶体结构不同，所以它们分别称之为不同的矿物名称；如果化学成分相同而内部晶体结构不同，也是属于不同矿物种，也要用不同名称予以命名，如石英与鳞石英的成分相同（都是SiO_2），但结构不同，也属于不同的矿物种；对于结构相同而成分不同的物质，也将它们分属不同矿物种，如镁橄榄石（$MgSiO_4$）与铁橄榄石（$FeSiO_4$）结构相同但成分不同，分属两种不同的矿物种，方解石（$CaCO_3$）与菱铁矿（$FeCO_3$）结构相同但成分不同，分属两种不同的矿物种；对于结构相同而化学成分有差别但差别不大的，就被称为是同种矿物的不同亚种，或变种，如含铁镁橄榄石[$(Mg,Fe)SiO_4$]是镁橄榄石的亚种。值得注意的是，既然矿物都具有晶体结构，所以矿物都应该是晶体。

再次，它们是岩石和矿石的基本组成单位，意思是：任意一块石头，你将它打碎、磨细，磨得再细小的颗粒也是某种矿物，不可能再细分了。例如：你将花岗岩（图5-1）打碎、磨细，磨得再细小的颗粒，也是石英（SiO_2）、钾长石（$K[AlSi_3O_8]$）、斜长石（$(Na，Ca)_2[Al_2Si_2O_8]$）、白云母（$KAl_2[AlSi_3O_{10}](OH)_2$）等矿物，不可能再细分了，即：不可能将Si、K、Al等原子或离子细分出来，如果将Si、K、Al等原子或离子分出来了，就是化学分解了。所谓"基本组成单位"是指在保留化合物的状态下的"最小单位"，不能进行化学分解作用。所以,岩石和矿石的最基本的、最小的组成单位是矿物。

图5-1 花岗岩中的石英、钾长石、黑云母等矿物晶体

你把花岗岩打碎、磨细,在显微镜下你能看到什么?如果你看到的还是石英、钾长石、黑云母等聚集在一起的颗粒,那你就再磨细点,总可以将石英、钾长石、黑云母等分开成更小的颗粒,如果你再磨细点,挑出一个颗粒来看,它总归还是石英、钾长石、黑云母等矿物中的某种矿物。

有些矿物很细小,如图5-2中的高岭石,它像粉笔末一样,在显微镜下也很难看到它的单个晶体的形态,总是多个晶体聚集在一起的颗粒,但在电子显微镜下放大20 000倍左右就能看到它是由一片一片的小晶体组成的[见图5-2(b)]。

(a)

(b)

图5-2 高岭土(a)与高岭土在电子显微镜下可见片状晶体(b)

那么,地球上有非晶态物质吗?它们是矿物吗?

地球上是有一些非晶态物质的,例如:玛瑙、蛋白石、钟乳石、火山玻璃等,但这些非晶态物质在地球上含量很少,而且基本上都已经自发转化为晶体了,这是因为晶体能量小而最稳定。地球上的物质经过漫长的地质年代演化,基本上都演化成这种最稳定的形式——晶体,所以非晶态物质非常少。非晶态自发演化形成晶体的过程叫晶化。

可以说,地球上任意一块天然形成的石头(岩石)都是由矿物晶体组成的,有的石头中矿物晶体很大,有的石头中矿物晶体非常小。矿物晶体是整个地球的最小组成单位。

这可不仅仅是石头,这是黑云母、石英、正长石……

在地球上的非晶态的物质我们称之为"准矿物"。"准矿物"都有自发晶化形成"矿物"的趋势。

例如:钟乳石在开始形成时是非晶态的,所以它的外部轮廓和沉积环带是浑圆形(如果是晶体,就不可能是浑圆形的),见图5-3所示。但是,在钟乳石的横截面可以看到纤维状或细粒状的方解石晶体聚集在一起,这表明它已经晶化了。

(a)

(b)

图5-3 钟乳石外形(a)与钟乳石横截面(b)
可见非晶态沉积形成的环带,在垂直环带方向上有纤维状方解石晶体(后期晶化形成)

想一想

上面说：如果钟乳石是晶体，外部轮廓就不可能是浑圆形的，那么，应该是什么形的？这一点我们在第二章就讲过的，你还记得吗？

现在你知道为什么地球上的物质都是矿物晶体了吧！因为晶体是最稳定的物质存在形式，如果开始形成的是非晶体，也会自发地转化为晶体。地球上矿物晶体无处不在！而矿物晶体都有"小方块"结构，像魔方一样，所以，也可以说：地球上"晶体魔方"无处不在！

5.2 地球上矿物晶体是怎么形成的？　　JTMF

矿物晶体是在地球上通过地质作用形成的，那么，有些什么样的地质作用呢？

岩浆侵入结晶作用形成矿物　在地下深处高温高压环境下，岩石就会融化形成岩浆，当岩浆沿裂隙上升到较浅的地方时，岩浆就会冷却下来结晶形成矿物。这个过程类似于在实验室合成晶体的实验过程，即：将岩石（或形成晶体的原材料）放在一个封闭的高温（或高温高压）环境下熔解，然后降温（或降温降压），晶体就会从熔融体中结晶出来。

你在山上打一块花岗岩，你要知道，这块石头是在地下深处通过岩浆缓慢冷却形成的，里面的石英、钾长石、云母等矿物晶体也是通过岩浆结晶形成的。但它现在为什么在地表呢？它是通过地壳运动抬升到地表的，原来上面覆盖的岩石被风化（即：被风吹日晒、生物破坏等）后而被分解了，再被河流冲洗、剥蚀掉了，这样，花岗岩就出露在地表了。

火山喷发作用形成矿物　如果岩浆沿裂隙直接上升至地表，迅速冷却结晶或固化,就会形成非常细小的矿物晶体或火山玻璃(非晶态),一般来说,火山玻璃经过漫长的地质年代演化都已经晶化形成了细小的矿物晶体(图5-4、图5-5)。这个过程类似于钢水出炉后迅速冷却凝固一样,凝固的钢材料中也有许多细小的合金晶体,但眼睛很难看到,因为晶体很细很细。

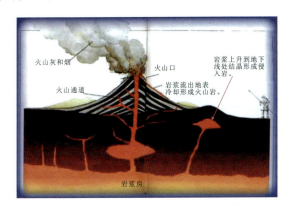

图5-4 岩浆侵入结晶作用与火山喷发作用示意
(图片下部为高温岩浆,沿裂隙上升到一定位置形成岩浆房,在岩浆房里缓慢结晶形成深成岩,如花岗岩、辉长岩等,如果岩浆直接喷出地表则形成火山岩石,如流纹岩、玄武岩等)

图5-5 岩浆流出地表的情形
(冷却结晶后会形成很多细小的矿物晶体)

如果你在山上打到一块玄武岩,你就应该判断:此地曾经发生过火山活动,也许附近会有火山口;玄武岩一般来自地下深处(下地壳或上地幔),研究该玄武岩可以得到地下深处的物质组成等信息(图5-6)。

伟晶和热液作用形成矿物 地球下面除了有岩浆(熔融体)外,还有一些高温溶液,我们称之为热液。一般岩浆结晶到后期就会剩下一些富含溶液的稀释岩浆或热液了,从这些稀释岩浆或热液中可以结晶出大晶体,如水晶(石英)、绿柱石、电气石等。这个过程类似于在高压釜中水热法合成晶体的过程(图5-7)。这种热液作用形成的晶体往往很大,可以作宝石。

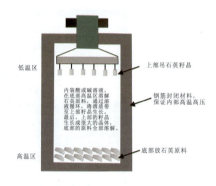

图5-6　玄武岩的特点(颜色为深灰色,不见大晶体,是由一些细小的辉石、斜长石等组成)

图5-7　高压釜中结晶形成石英的过程示意图

你知道吗,有很多工厂或公司都用高压釜生产水晶,有的高压釜有10多米高、3～4m宽呢,里面长出的石英晶体可达30～50cm。

沉积作用形成矿物　在一些盐湖里,当水分蒸发后,一些盐类矿物就会沉淀下来,如石盐(NaCl)、钾盐(KCl)、石膏($CaSO_4$)等;在海洋里,会沉淀大量的$CaCO_3$而形成灰岩,灰岩里面就是细晶或隐晶的方解石(图5-8)。在整个地壳上,灰岩大量存在,因为地球在古地史时期海洋是大量分布的,曾经是海洋的地方都可能有灰岩。

你在山上看到一层一层的灰岩,你就应该想象一下:此地

图5-8　灰岩(沉积岩)中的层理构造(里面含许多细小的方解石($CaCO_3$)晶体)

在远古年代曾经是海洋,这些灰岩是海水中的$CaCO_3$沉淀下来形成的。那现在为什么是山地而不是海洋了呢?是因为地壳运动将此地抬升,海水退去了。

风化作用形成矿物 一些出露在地表的矿物受水、生物、太阳能等的影响而分解,从而改变其原来的化学成分和结构,变成了新的矿物晶体。例如:黄铁矿经风化作用而形成褐铁矿(褐铁矿晶体也是很小很小的,肉眼看不见)(图5-9)。

(a) (b)

图5-9 (a)黄铁矿晶体,每个立方体是一个单晶体;(b)黄铁矿风化后形成褐铁矿,仍然保留黄铁矿立方体晶形,但这个褐铁矿立方体可不是一个单晶体,而是由许许多多微小的褐铁矿晶体聚集而形成的

风化作用形成的矿物是不可能有大晶体的,为什么呢?

这是因为风化作用是一种破坏原来晶体的作用,把原来晶体的有些成分溶解掉了,残留下来的物质重新组合形成风化矿物,所以这些风化作用形成的矿物晶体常常是细小颗粒,有时这些细小颗粒保留在原来晶体的框架中,例如图5-9(b)中的褐铁矿保留在原来黄铁矿立方体晶形的框架中,这叫假象。

你在山沟里看到的土壤,上面生长着许多庄稼,那些土壤就是某种岩石风化形成的,即:岩石风化程度很深、伴有生物风化作用,就可以形成土壤。土壤里面也有许多矿物晶体,一般都是非常细小的、含水的粘土矿物,如高岭石$(Al_4[Si_4O_{10}](OH)_8)$、蒙脱石$((Na,Ca)_{0.2\sim0.6}(H_2O)_4(Al,Mg)_2[(Si,Al)_4O_{10}](OH)_2)$等。

变质作用形成矿物 地壳是在不断运动的,一些在地球浅层的矿物通过地壳运动,有可能沿着断裂带俯冲到地壳深部,在地壳深部高温高压下,原来的矿物已经变得不稳定了,就会形成新的矿物。例如:地表的富铝黏土矿物(高岭石等)到地下深处会变成蓝晶石等。也就是说,在地球深处,一种矿物晶体可以转变成另一种矿物晶体。

你在山上看到一块岩石,里面如果有一些高温变质矿物(如矽线石等),你就可以判断,此地附近可能有岩浆活动,是岩浆活动提供的热能使得这些高温变质矿物形成;如果里面有一些高压变质矿物(如蓝晶石、柯石英等),你就可以判断:此地原来是埋在地下很深的地方导致高压,或此地曾经发生过板块碰撞或陨石撞击等事件,导致高压。

地球上各种地质作用的循环 整个地球是在不断运动变化的,上述的各种地质作用及其所形成的矿物也是在不断运动变化的。地下的岩浆上升冷却形成岩浆岩石,如花岗岩、辉绿岩等;如果岩浆岩石出露地表,则会发生风化作用,在风化作用中形成一些含水的矿物,如褐铁矿、铝土矿、高岭石等,也有些矿物发生了分解;风化分解的产物被流水冲走,到别的地方沉淀下来,形成了沉积岩石,如灰岩,石英砂岩等;地壳运动又可能将在地表的沉积岩石或其他岩石带到地下深处,从而在地下高温高压下发生熔融,形成岩浆;……如此反复进行。

5.3 地球上最常见的矿物是什么?怎么用简单的方法认识它们?

地球上的岩石(石头)有很多种,五花八门,但是,组成这些岩石的矿物晶体的种类并不是很多。地球上最主要、常见的矿物是:石英、钾长石、斜长石、黑云母、白云母、角闪石、辉石、橄榄石、石榴子石、方解石;如果是在金属矿区,还会见到许多金属矿物:黄铁矿、黄铜矿、方铅矿、闪锌矿、赤铁矿、磁铁矿。

上述常见矿物中,石英(SiO_2)、钾长石($K[AlSi_3O_8]$)、斜长石($Na[AlSi_3O_8]$-$Ca[Al_2Si_2O_8]$)、白云母($KAl_2[AlSi_3O_{10}](OH)_2$)、黑云母($K(Fe,Mg)_2[AlSi_3O_{10}](OH)_2$)、

角闪石($(Na,Ca,Mg,Fe)_2(Mg,Fe,Al,Ti,Cr)_5[Si_4O_{11}]_2(OH)_2$)、辉石($(Ca,Fe,Mg)_2[Si_2O_6]$)、橄榄石($(Mg,Fe)_2[SiO_4]$)、石榴子石($(Ca,Mg,Fe)_3(Al,Fe,Cr)_2[SiO_4]_3$)都是含$Si^{4+}$和$O^{2-}$的,即:地球上大部分矿物都是Si的氧化物和含硅酸根的含氧盐。在这些矿物的晶体结构中,都含有$[SiO_4]$配位多面体,即:以Si^{4+}为中心,周围有四个O^{2-}与之形成化学键,简称$[SiO_4]$四面体。可以形象地说,地球在微观上是由$[SiO_4]$四面体组成的(图5-10)。

地质工作者常常在野外工作,其中最基本的工作是要对野外任意一块岩石中的矿物进行鉴

> 这些矿物的名称可能大家听说过吧,有些矿物在博物馆或山上见过的。

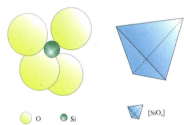

图5-10 $[SiO_4]$四面体(左图示出Si^{4+}和O^{2-}离子相互成键,右图示出配位多面体形状,Si^{4+}和O^{2-}离子被省略了)

定。而在野外条件下是不可能有太多的仪器设备的,所以,肉眼鉴定矿物是地质工作者最基本的技能。

肉眼鉴定矿物主要是根据矿物的颜色、光泽、条痕、解理、硬度的特点来进行鉴定工作。那么肉眼鉴定矿物所需的简易工具有:瓷板(用来刻划条痕)、小刀(用来刻硬度)、

> 地球在原子、离子的尺度上看,主要是由$[SiO_4]$四面体组成的,很有趣哦!

放大镜(用来看解理特点等),有时还可以随身带一小瓶盐酸、小磁铁(图5-11)。

条痕:指矿物在瓷板上刻划的颜色,它可以与矿物本身的颜色一样,也可以不一样。别小瞧了"刻划条痕"这个简单的操作,它在鉴定矿物时非常有用。如果某矿物的条痕是黑色或很深的彩色,这个矿物肯定是金属矿物(如硫化物矿物等);如果某矿物的条痕是白色或很浅的彩色,这个矿物肯定是非金属矿物(如硅酸盐、氧化物矿物等)。

图5-11 肉眼鉴定矿物所需的简易工具(从左向右依次为):瓷板、小刀、放大镜、磁铁

光泽:指矿物对自然光反射的强度。分为四个等级:金属光泽(如金属矿物的光泽,闪亮刺眼)、半金属光泽(比金属光泽稍弱)、金刚光泽(如金刚石的光泽,比一般的非金属矿物稍强)、玻璃光泽(即一般非金属矿物的光泽)。

硬度:指矿物抵抗小刀等坚硬物体的能力。初步划分三个等级:小刀刻划不动的,硬度为"大";小刀能刻划但指甲刻划不动的,硬度为"中";指甲能刻划的,硬度为"小"。

解理:指矿物受外力敲打后裂开为平面的性质,人们最熟知的是方解石,它受外力敲打后会沿着三个方向裂开成平面,所以我们称它有三组解理(图5-12)。相反,如果裂开不形成平面,就叫无解理或解理不发育。无解理的矿物其裂开面就叫断口,根据断口的形态可以分为:贝壳状断口(图5-13)、参差状断口等。

每种矿物所具有的上述特征不太一样,所以就可以根据这些特征进行

图5-12 方解石的解理(一定要注意:这是裂开形成的平面,不是晶面)

图5-13 石英的贝壳状断口

矿物鉴定。当然,肉眼鉴定矿物是有限的、初步的,有些难以鉴定的矿物还是要用一些现代测试仪器设备帮助进行。但根据上述特征进行肉眼鉴定矿物是野外工作最有效的方法。地壳上常见的一些矿物肉眼鉴定特征见表5-1所示。

表5-1 一些常见矿物的鉴定特征

颜色	光泽	条痕	硬度	解理	其他	鉴定结果
无色、白色	玻璃光泽	无色	大	无	具贝壳状断口	石英
灰白色	玻璃光泽	无色	大	有两组,垂直		斜长石
肉红色	玻璃光泽	无色	大	有两组,垂直		钾长石
无色、白色	玻璃光泽	无色	中	有三组,不垂直	滴HCl起泡	方解石
黄绿色(橄榄绿色)	玻璃光泽	无色	大	无	有贝壳状断口,常见粒状形态,但很少晶面	橄榄石
黄褐色、黄绿色、褐红色、紫红色等	玻璃光泽	无色或浅色	大	无	常见粒状形态,还常有晶面发育	石榴子石
墨绿色	玻璃光泽	浅绿色	大	有两组,近垂直	柱状	辉石
墨绿色	玻璃光泽	浅绿色	大	有两组,不垂直	长柱状	角闪石
无色、浅彩色	玻璃光泽	无色	中	有多组,不垂直	滴HCl不起泡	萤石
无色、浅彩色	玻璃光泽	无色	中	有多组,有垂直的,也有不垂直的	滴HCl不起泡,很重	重晶石
黑色	金属光泽	黑灰色	大	无	有磁性	磁铁矿
赭红色	半金属光泽	褐红色	大	无		赤铁矿
铅灰色(金属亮灰色)	金属光泽	黑色	中	有三组,垂直	较重	方铅矿
铜黄色(金属黄色)	金属光泽	黑色	中	无	较重	黄铜矿
浅铜黄色(浅金属黄色)	金属光泽	黑色	大	无	较重,常见立方体晶形	黄铁矿
褐色	半金属光泽	棕色-褐色	中	有多组,不垂直		闪锌矿

想一想

你现在可以认出上述十几种矿物了吧!考考你:

如果某矿物白色或无色,硬度大于小刀,无解理,可见贝壳状断口,是什么?

如果某矿物白色或无色,硬度小于小刀,有解理,是什么?如果要确认,该用什么简易化学试剂?

如果某矿物亮闪闪的,条痕黑色,有解理,可能是什么?

如果某矿物亮闪闪的,条痕褐色,有解理,可能是什么?

(对照表5-1可以找到答案)

5.4 地球上矿物有多少种?怎么对它们进行分类?

当然,地球上的矿物绝不可能只是上述的这十多种,上述的矿物只是在地球上含量最多的十多种。地球上(主要指地壳)现已发现的矿物种有4 000多种呢。

对于这4 000多种矿物,科学合理地对其进行分类,是认识它们和研究它们的基础。所以,在矿物学里有一个科学的分类体系,叫做"矿物晶体化学分类体系",该分类体系的依据是:综合考虑矿物的化学成分和晶体结构。该分类体系共有七个分类级别:

大类——类——(亚类)——族——(亚族)——种——(亚种)

其中大类共分为六个:

自然元素大类(再分为:自然金属元素类、自然非金属元素类、自然半金属元素类);

硫化物大类(再分为:简单硫化物类、复硫化物类、硫盐类);

氧化物和氢氧化物大类(再分为:氧化物类、氢氧化物类);

含氧盐大类（再分为：硅酸盐类、碳酸盐类、硫酸盐类……）；
卤化物大类。

当然，对矿物的分类还有以下通俗的方法：

（1）根据矿物的物理性质分为金属矿物、非金属矿物。具有亮闪闪的光泽的矿物被称为金属矿物，如自然金、自然铜、黄铜矿、黄铁矿、闪锌矿、磁铁矿等是金属矿物，对应于上述晶体化学分类体系而言，自然金属元素矿物、硫化物矿物和部分氧化物矿物是金属矿物；相反，不具有亮闪闪的光泽的矿物被称为非金属矿物，如石英、长石、方解石、云母等都是非金属矿物，对应于上述晶体化学分类体系而言，含氧盐卤化物和部分氧化物矿物为非金属矿物。

（2）根据矿物在地球上的含量多少分为稀有矿物、常见矿物（或称造岩矿物）。地球上含量最多的是硅酸盐矿物，其次是碳酸盐矿物，所以通常将硅酸盐、碳酸盐矿物称为常见矿物或造岩矿物（意指它们是常见岩石中的主要矿物），而在地球上含量很少的矿物，如自然金、金刚石和一些含稀土元素的矿物就被称为稀有矿物和稀有元素矿物。

一些代表性的、重要的矿物的晶体化学分类所属及矿物特征描述如下：

自然金（Au）：属自然元素大类—自然金属元素类—铜族—自然金种（图5-14）

金黄色，强金属光泽；硬度较小，具有延展性，无解理；很重。晶体结构为：Au原子作等大球立方最紧密堆积。等轴晶系。

(a)　　　　　　　　　　　　　　(b)

图5-14　自然金(a)及自然金的晶体结构(b)

金刚石（C）：属自然元素大类—自然非金属元素类—金刚石族—金刚石种（图5-15）

无色，无条痕，金刚光泽；硬度极大（是所有矿物中硬度最大的），解理不太发育。晶体形态常发育八面体。晶体结构为：典型的共价键晶体，所以C原子不做最紧密堆积，每个C原子外层的1个s轨道和3个p轨道形成4个sp^3杂化轨道，与周围的4个C原子形成共价键，所以C原子的配位数为4，配位多面体为四面体，四面体共角顶连接。等轴晶系。

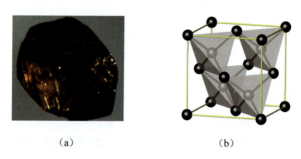

图5-15 （a）金刚石晶体，可见八面体晶形，晶面上还有生长层纹
（b）金刚石的结构（展示一个晶胞及里面的C—C配位四面体）

方铅矿（PbS）：属硫化物大类—简单硫化物类—方铅矿族—方铅矿种（图5-16）

铅灰色，条痕黑色，金属光泽；硬度中，三组解理且互相垂直；较重。晶

图5-16 （a）方铅矿解理块（浅灰色），三组解理垂直；（b）方铅矿的结构（展示一个晶胞的球体堆积形式，黄色球体为S^{2+}）

体结构为：S^{2-}做立方最紧密堆积，Pb^{2+}充填在所有的八面体空隙，$[PbS_6]$八面体共角顶和共棱连接，与NaCl结构相同，即为NaCl型结构（NaCl型结构应该很熟悉了吧，见第四章）。等轴晶系。

黄铁矿（$Fe[S_2]$）：属硫化物大类—复硫化物类—黄铁矿族—黄铁矿种（图5-17）

浅铜黄色，条痕黑色，金属光泽；硬度大，无解理，较重；晶形常发育立方体、八面体、五角十二面体。晶体结构为：NaCl型结构的衍生结构，即：哑铃状的$[S_2]^{2-}$占据在Cl^-的位置，Fe^{2+}占据在Na^+的位置，也可以描述为：$[S_2]^{2-}$作立方最紧密堆积，Fe^{2+}充填在所有八面体空隙中。等轴晶系。

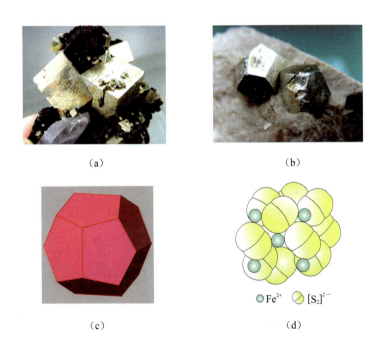

图5-17 （a）黄铁矿立方体晶形；（b）黄铁矿五角十二面体晶形；（c）五角十二面体理想晶体模型；（d）黄铁矿的结构（展示一个晶胞的球体堆积形式）

低温石英(α-SiO₂)(一般简称石英):属氧化物氢氧化物大类—氧化物类—石英族—低温石英种(图5-18)

通常所说的石英都是指低温石英。无色、乳白色,条痕无色,玻璃光泽;硬度大,无解理,有贝壳状断口;晶形常发育六方柱及六个锥面。晶体结构为:[SiO₄]四面体共4个角顶连接形成架状,O^{2-}不做最紧密堆积。三方晶系。

图5-18 (a)石英晶体,具六方柱和锥面;(b)块状乳白色无晶形石英;(c)石英的结构(展示[SiO₄]配位四面体共角顶连接形成的架状形式,黑线范围为一个晶胞范围)

斜长石((Ca,Na)[Si₃AlO₈]):属含氧盐大类—硅酸盐类—架状硅酸盐亚类—长石族—斜长石亚族(含钙长石种和钠长石种混合体,自然界中很少有纯钙长石或纯钠长石)(图5-19)

钙长石和钠长石混合体统称斜长石,所以斜长石不是一个矿物种。

白色、灰白色,玻璃光泽,条痕无色;硬度大,两组解理近于垂直。晶

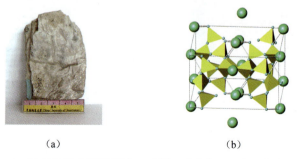

图5-19 (a)斜长石,可见解理面;(b)斜长石的结构(展示[SiO₄]和[AlO₄]配位四面体共角顶连接形成的架状形式,架状结构的空隙里面有大阳离子Na^+和Ca^{2+}(绿色的球体),灰色方框线范围为一个晶胞范围)

体结构为:[SiO_4]四面体和[AlO_4]四面体共四个角顶连接形成架状,架状结构的大空隙里面充填Ca^{2+}和Na^+。三斜晶系。

黑云母($K(Mg,Fe)_3[Si_3AlO_{10}]OH_2$):属含氧盐大类—硅酸盐类—层状硅酸盐亚类—云母族—黑云母亚族—黑云母种(图5-20)

棕黑色,无条痕;硬度中或小,一组极完全解理(能裂开成一片一片的),解理面上可见珍珠光泽(由解理片对光折射、反射产生的一种特殊光泽)。晶体结构与白云母的结构一样,白云母的结构在第四章有详细介绍,此处从略。单斜晶系。

(a) (b)

图5-20 (a)黑云母极完全解理片;(b)黑云母的晶体结构(展示[SiO_4]和[AlO_4]四面体层(黄色)与[MgO_6]和[FeO_6]八面体层(绿色)及层间的K^+(绿色的球体)

石榴子石(($(Ca,Mg,Fe,Mn)_3(Al,Cr,Fe,Ti,V)_2[SiO_4]_3$):属含氧盐大类—硅酸盐类—岛状硅酸盐亚类—石榴子石族(根据具体成分可分为:钙铁榴石种、镁铝榴石种等)(图5-21)

石榴子石不是一个矿物种,而是一个族。一般要根据成分才能具体细分到种,我们一般不具体细分到种而统称石榴子石。

颜色各种各样,红、黄、褐、绿、黑都有,决定于成分,玻璃光泽,条痕无色;硬度大,无解理;常发育四角三八面体、菱形十二面体晶形。晶体结构为:较大的二价阳离子Ca,Mg,Fe,Mn与周围的八个O^{2-}形成八次配位,配位多面体为立方体;较小的三价阳离子Al,Cr,Fe,Ti,V与周围的六个O^{2-}

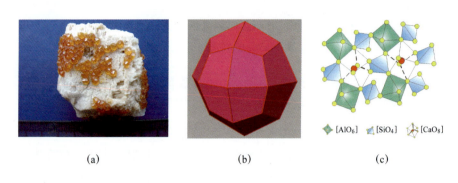

图5-21 (a)石榴子石晶体,发育四角三八面体晶形;(b)理想的四角三八面体模型; (c)石榴子石的结构(展示各种配位多面体及其连接形式)

形成六次配位,配位多面体为八面体;立方体与八面体共角顶和共棱连接; Si与周围的四个O^{2-}形成$[SiO_4]$四面体,孤立分散在结构中,与立方体和八面体共角顶。结构中O^{2-}不做最紧密堆积。等轴晶系。

橄榄石$((Mg,Fe)_2[SiO_4])$:属含氧盐大类—硅酸盐类—岛状硅酸盐亚类—橄榄石族(根据具体成分可分为:镁橄榄石种、铁橄榄石种)(图5-22)

橄榄石不是一个矿物种,而是一个族。一般要根据成分才能具体细分到种,我们一般不具体细分到种而统称橄榄石。

橄榄绿色,玻璃光泽,条痕无色;硬度大,无解理,有贝壳状断口;很难

图5-22 (a)橄榄石颗粒,可见贝壳状断口;(b)橄榄石的结构(展示$[SiO_4]$四面体(蓝色)与$[MgO_6]$和$[FeO_6]$八面体(橙色)及其连接形式)

发育晶面。晶体结构为：O^{2-}作六方最紧密堆积，Mg^{2+}和Fe^{2+}充填在一半的八面体空隙中，Si^{4+}充填在1/8的四面体空隙中；八面体共棱连接（第四章有橄榄石结构的详细介绍）。斜方晶系。

方解石($Ca[CO_3]$)：属含氧盐大类—碳酸盐类—方解石族—方解石种（图5-23）

无色、白色，条痕白色；硬度中，三组解理不垂直；滴HCl起泡。晶体形态各种各样，有尖锥状、柱状、片状等。晶体结构为：NaCl型结构的衍生结构，即：三角状的$[CO_3]^{2-}$占据在Cl的位置，Ca^{2+}占据在Na^+的位置，结构中O^{2-}不是最紧密堆积（第四章有方解石结构的详细介绍）。三方晶系。

图5-23　(a)方解石尖锥状晶体集合体；(b)方解石解理块；(c)方解石的结构（展示一个单晶胞，Ca^{2+}为绿色球体，C^{2+}为黑色球体，O^{2-}为蓝色球体）

5.5 矿物晶体在地球上的分布特征是什么？

地球是有圈层结构的，从地表至深划分为地壳、地幔、地核。地壳只是地球最外层的薄壳，只占地球总体积的0.6%；地幔是地球的主体部分，占地球总体积的83%，其中又可分为上地幔、过渡带、下地幔；地核是地球的核心部分，占地球总体积的16.4%，其中外核是液态物质，内核是固态物质

(图5-24)。

矿物晶体在不同的圈层中也有不同的分布规律,在地壳上部一般是富含Si、Al、K、Na、Ca的氧化物、硅酸盐、碳酸盐矿物,这些矿物主要是:钾长石、石英、白云母、方解石,并有少量黑云母、角闪石等;在地壳下部,Fe、Mg、Ca的含量增高,所以富含Fe、Mg、Ca的矿物(如辉石、斜长石等)增加。到上地幔时,Fe、Mg的含量进一步增高,所形成的矿物的晶体结构也更趋于紧密,

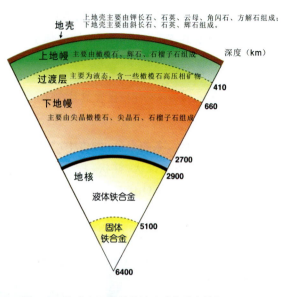

图5-24 地球内部圈层构造及矿物分布特征

主要矿物为橄榄石、石榴子石、辉石;到下地幔时,主要矿物为石榴子石、尖晶橄榄石、尖晶石。到地核时,主要成分为Fe、Ni,也可能含少量S和Si,可以是熔融态,也可以形成一些固态的合金矿物,如:FeNi、FeSi。

从矿物晶体结构上来看,越往地下深处所存在的矿物,其晶体结构相对更紧密,这是因为压力越大,原子、离子形成晶体结构越紧密。例如:在地壳上部,主要由石英和长石组成,而石英和长石的晶体结构是由[SiO$_4$]四面体组成的架状结构,架状结构中存在一些空洞,结构不太紧密,其中的O^{2-}不是最紧密堆积结构;而到了地壳下部和上地幔,主要矿物为橄榄石和辉石,橄榄石和辉石的结构也是由[SiO$_4$]四面体组成的,但[SiO$_4$]四面体排列紧密,在辉石结构中,部分O^{2-}是最紧密堆积结构,在橄榄石结构中,所有O^{2-}都是最紧密堆积结构(是六方最紧密堆积结构)。

当然,由于地球演化历史过程中有许多复杂的构造运动,如板块俯冲、火山活动等,原来在地表的物质会俯冲到地下深处,而原来在地下深处的物质又会带至地下浅处,所以,矿物晶体在地球上的分布圈层结构会被破坏。但是,我们可以根据地球上矿物晶体存在现象来推测曾经发生过的地

很平衡的呀？怎么说它像左手或右手一样呢？

我们这里是在打比喻，石英晶体不可能像左手或右手一样，但是它的对称性具有左形和右形之分，而左形石英与右形石英的关系就像是左手与右手一样。

石英的形态通常是看不出左形与右形的，如图5-26（a）所示；如果石英的晶面发育很全面、有一些很小的晶面时，是可以区分出左形与右形的，如图5-26（b、c、d、e）。虽然石英的形态不一定能看出左形与右形之分，但石英内部晶体结构中原子、离子的占位上肯定是有左形与右形之分的。

从对称性讲，单个石英晶体确实是不平衡、不稳定的，但是，在地球上的石英晶体，大多数不是以单个晶体存在的，而是以两个晶体交叉在一起

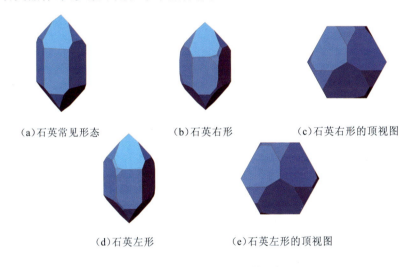

(a) 石英常见形态　　(b) 石英右形　　(c) 石英右形的顶视图

(d) 石英左形　　(e) 石英左形的顶视图

图5-26　石英晶体形态

既然石英晶体的对称型无对称中心，对称性不平衡、也不稳定，为什么它在地球上广泛存在呢？

这确实是一个有待研究的科学问题！我们也期望你的加入，来研究这个问题呢！

形成双晶（也称孪晶）的形式存在，如果形成双晶时，其中一个石英晶体是左形，另一个石英晶体是右形，它们交叉在一起所形成的孪晶就很平衡、很稳定了，如图5-27（a）、（b）。因为这种双晶首先在巴西或日本发现，所以就将之命名为巴西双晶或日本双晶。这种双晶就像是将左右双手交叉起来一样，使左右得以平衡，见图5-27（c）所示。

（a）石英的巴西双晶

（b）石英的日本双晶

（c）左右手交叉的比喻

图5-27　(a)(b)石英的双晶（左形与右形穿插形成双晶），(c)左手与右手交叉一起的图案

地球是个巨大的球体，但组成这个球体的微观世界里，却是一个一个"小方块"组成的晶体。所以，整个地球是由无数"小方块"组成的大球体！

地球就像是一个巨大的晶体生长实验室，把地球上的各种化学元素相互化合，并形成矿物晶体；再把各种矿物晶体以不同种类、不同含量比相互组合，形成了地球上各种各样的岩石，使得地球从横向、纵向上看都是复杂多变、丰富多彩的，但地球上常见矿物的种类却是为数不多的！

地球中的矿物，其阴离子大多为O^{2-}，阳离子大多为Si^{4+}，矿物的晶体结构大多数以$[SiO_4]$四面体组成。所以，整个地球（主要是地壳和地幔）在微观上可以看成是由$[SiO_4]$四面体组成的。当然，这是一个概括的、简单的比喻。

第六章
矿物晶体中的珍品
——宝石与玉石

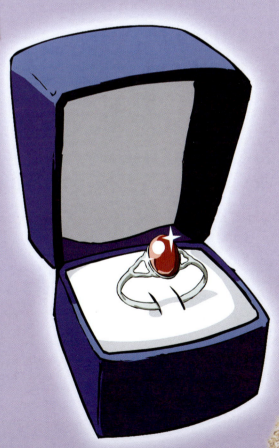

第六章 矿物晶体中的珍品——宝石与玉石

6.1 什么样的矿物晶体可以称为宝石与玉石?

天然矿物晶体中,有一些十分珍贵和稀少的晶体,被人们称为"宝石"和"玉石"(图6-1)。

那么,什么样的天然矿物晶体才能称之为宝石和玉石呢?

能够称得上是宝石或玉石的必须具备以下三个条件:

(1)瑰丽:晶莹艳丽、光彩夺目,这是作为宝石和玉石的首要条件;

(2)稀少:物以稀为贵,稀少决定着宝石和玉石的价值;

(3)耐久:质地坚硬、经久耐用,这是宝石和玉石的价值能得以保存的重要特征。

宝石和玉石虽然都是一些矿物晶体,但它们在宝石学领域又有一个宝石和玉石的名称。宝石和玉石的名称与它所对应的矿物晶体的名称(即宝石和玉石的矿物学名称)大部分是不同的,也有少部分是相同的。并且,同

钻石

蓝宝石

红宝石

碧玺

橄榄石

翡翠

翡翠

图6-1　一些宝石与玉石

种矿物晶体根据不同的颜色、品质又可分成不同的宝石学名称，如：刚玉（矿物学名称）根据颜色不同分为红宝石、蓝宝石（宝石名称）；绿柱石（矿物学名称）根据颜色分为祖母绿和海蓝宝石（宝石名称）。表6-1列出了一些宝石和玉石所对应的矿物学名称。

表6-1　一些常见宝石和玉石的矿物学名称、化学成分、晶体状态

宝石和玉石名称	矿物学名称	化学成分	晶体状态
钻石	金刚石	C	单晶体
红宝石	刚玉	Al_2O_3（含微量Cr）	单晶体
蓝宝石	刚玉	Al_2O_3（含微量Fe^{2+}和Ti）	单晶体
祖母绿	绿柱石	$Be_3Al_2[Si_6O_{18}]$（含微量Cr）	单晶体
海蓝宝石	绿柱石	$Be_3Al_2[Si_6O_{18}]$（含微量Fe^{2+}）	单晶体
碧玺	电气石	$Na(Mg, Fe, Li, Al)_3Al_6[Si_6O_{18}][BO_3]_3(OH, F)_4$	单晶体
水晶	石英	SiO_2	单晶体
芙蓉石	石英	SiO_2（含微量Mn）	单晶体
紫水晶	石英	SiO_2（含微量Fe^{2+}、Fe^{3+}）	单晶体
石榴子石	石榴子石	$(Ca, Mg, Fe, Mn)_3(Al, Fe, Cr)_2[SiO_4]_3$	单晶体
橄榄石	橄榄石	$(Mg, Fe)_2[SiO_4]$	单晶体
玛瑙	石英	SiO_2	隐晶集合体
翡翠	以硬玉为主，还含有其他一些微细矿物	$NaAl[Si_2O_6]$	隐晶集合体
软玉	以阳起石为主	$Ca_2(Mg, Fe)_5[Si_4O_{11}](OH)_2$	隐晶集合体
独山玉	斜长石、黝帘石、云母等组成	$(Na, Ca)[Al_{2-1}Si_{2-3}O_8]$ $Ca_2Al_3[Si_2O_7][SiO_4]O(OH)$	隐晶集合体
珍珠	文石与有机质	$Ca[CO_3]$	隐晶集合体
琥珀	琥珀	$C_{10}H_{16}O$	非晶态
珊瑚	文石或方解石与有机质	$Ca[CO_3]$	隐晶集合体

6.2 宝石和玉石怎么分类?

根据表6-1,我们可以对宝石和玉石进行分类。

首先分宝石类和玉石类。

一般来说,宝石是指单矿物晶体或单矿物晶体的碎块经过切磨加工形成,表6-1中的第四栏中所列出的晶体状态是"单晶体"的都属于宝石;而玉石是指由许多肉眼看不见的细小微晶组成的集合体,表6-1中的第四栏中所列出的晶体状态是"隐晶集合体"或"非晶态"的都属于玉石。玉石一般成分都不是一种矿物,而是多种矿物的集合体,如:翡翠除了主要矿物硬玉$NaAl[Si_2O_6]$外,还含有其他矿物;软玉除了主要矿物阳起石$Ca_2(Mg, Fe)_5[Si4O_{11}](OH)_2$外,还含有其他矿物;独山玉则由斜长石、黝帘石、云母等微晶或隐晶矿物组成。

什么是"单晶体"?什么是"多晶体集合体"?什么是晶体碎块?什么是非晶态?

单晶体就是一个颗粒具有完全相同的化学成分与晶体结构,在这个颗粒范围内,晶体内部的"小方块"堆积结构(格子状结构)完整,如图6-2(a)所示;晶体碎块就是指一个晶体打碎后形成的碎块,它不再具有晶体形态了,如图6-2(b)所示;多晶体集合体就是由多个晶体聚集起来组成,每个晶体有各自内部的格子状结构,不同晶体之间各自结构肯定不同且不连贯,如图6-2(c)所示;非晶态就是没有"小方块"结构,即没有晶体结构,如图6-2(d)所示。

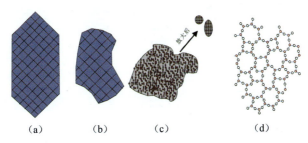

图6-2 单晶体(a)、晶体碎块(b)、多晶体集合体(c)、非晶态(d)的内部结构示意图

对于玉石，它们一定要是隐晶集合体或非晶态，不能是大颗粒的矿物晶体集合体。所谓"隐晶集合体"就是眼睛都看不见晶体颗粒了，只有在放大倍数很大的显微镜下才能看到晶体颗粒；所谓"非晶态"就是连显微镜下都看不见晶体颗粒了，即：根本就没有晶体了，像玻璃一样。

为什么要求玉石一定要是"隐晶集合体"或"非晶态"呢？因为只有隐晶集合体或非晶态，才能使玉石细腻、柔和，如果颗粒大了，会产生粗糙感，达不到玉石的档次。

与此相反，宝石是单晶体，要求晶体越大越好，因为晶体大了，就可以制成大尺度的宝石，而宝石的尺度越大，价格越高。由此看出，宝石和玉石对矿物晶体的尺度要求是：宝石要越大越好，玉石要越小越好。

下面我们列出一些宝石和玉石的原始矿物晶体和岩石，并将切磨好的宝石和玉石与之对比（图6-3～图6-8）。

(a) 未切磨的原始晶体，具完整的晶体形态　　(b) 切磨好的钻石

图6-3　金刚石晶体(a)和加工成圆多面型的钻石(b)

图6-4　各色刚玉晶体碎块与加工好的红宝石、蓝宝石（上面是未切磨的晶体碎块，不具晶体形态；下面是切磨好的宝石）

第六章 矿物晶体中的珍品——宝石与玉石

(a) 未切磨的晶体,具完好的柱状晶体形态

(b) 切磨好的海蓝宝石

图6-5 绿柱石晶体(a)与加工好的海蓝宝石(b)

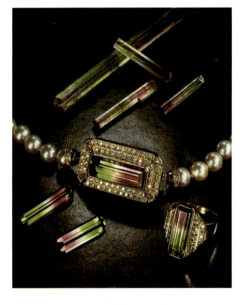

(a) 未切磨的晶体,具完好的柱状晶体形态

(b) 切磨并装饰好的碧玺

图6-6 电气石晶体(a)与加工并镶嵌好的碧玺(b)

图6-7 橄榄石晶体与加工好的宝石(上面是未切磨的晶体碎块,保留部分晶面;下面是切磨好的宝石)

(a)未切磨加工的原石　　　　(b)加工好的手镯

图6-8 翡翠原石(a)与加工好的翡翠手镯(b)

其次分"无机宝石和玉石类"和"有机宝石和玉石类"。

宝石和玉石除了天然矿物晶体外,还有"有机宝石和玉石",如表6-1中列出的珍珠、珊瑚、琥珀等。它们是由动物或植物身体本身组成,或与生物过程有关形成的物体。它们一般是微晶集合体,

想一想

上述的几种宝石和玉石,你从它们的未加工的原石状态应该知道它们中哪些是宝石、哪些是玉石了吧!

或非晶态，所以应该归属玉石，被称为有机玉石，但在习惯上人们也称它们为有机宝石。可以认为它们也是在天然条件下形成的，所以，有机宝石和玉石也属于"天然宝石和玉石"的范畴。

最后分"天然宝石和玉石类"和"合成宝石和玉石类"。

凡是在实验室合成的，不管它有多么瑰丽，都不能称为真正的宝石和玉石。真正的宝石和玉石一定是"天然宝石和玉石类"，在实验室合成的只能称为"合成宝石和玉石"或"仿制宝石和玉石"，是人工制作或仿制的，它们不是真正的宝石与玉石。

有了上面的介绍，我们可以回答以下问题了。你试试看，能回答出来吗？

(1) 宝石与玉石的区别是什么？宝石都是单晶体吗？

(2) 玉石为什么是"隐晶集合体"？可以是大颗粒矿物晶体集合体吗？

(3) 有机宝石是单晶体吗？一颗珍珠是一颗文石($CaCO_3$)晶体吗？

(4) 宝石和玉石都是天然产物吗？实验室合成的晶体算是宝石和玉石吗？

另外还有一点请注意：宝石和玉石的矿物原石必须经过加工处理才能被称为宝石和玉石；没有加工过的只能被称为矿物晶体或原石。

6.3 宝石和玉石为什么会产生瑰丽、坚硬耐久的特征？

对于宝石来说，各种各样美丽的颜色基本上都是含某种微量元素造成的。例如，刚玉(Al_2O_3)如果是纯净的，就是无色透明的；当它含微量的Cr，就会形成绚丽而深沉的红色，就成了红宝石了；当它含微量的Fe和Ti时，就会形成深蓝色，就成了蓝宝石了。再例如，石英(SiO_2)如果是纯净的，也是无色透明的；当它含微量的Mn时，就会形成粉红色，就成了芙蓉石了；当它含微量的Fe^{2+}或Fe^{3+}而使结构产生缺陷时，就会形成紫色，就成了紫水晶了。

能够成为宝石的矿物晶体大多是产于地下深处，在地下深处的高温高压下，形成的晶体肯定是结构很紧密的矿物晶体，或者是化学键很强的矿物晶体，这些晶体的硬度就很大，导致它们的坚硬性质。

这里要特别说一下珍珠。从矿物组成来看，珍珠是由文石（$CaCO_3$）组成的，文石与方解石都是成分为$CaCO_3$的晶体，大家应该熟悉方解石吧，这种由$CaCO_3$组成的晶体硬度小、易溶解于HCl等其他酸碱溶液，所以，从矿物组成上看，珍珠不仅不坚硬而且很不稳定，不符合宝石与玉石的要求。但是，一旦文石形成了珍珠，它的特性完全不同于文石的特性了，珍珠不仅坚硬，而且还有一种柔和的光泽，使得它具有宝石和玉石的特质（图6-9）。

为什么文石一旦成为珍珠就坚硬且美丽了呢？这个秘密就在于将文石变为珍珠的有机质。珍珠是在贝壳身体里面生长形成的，珍珠里面的文石晶体是很小很小的，这些很小很小的文石晶体由贝壳身体里面分泌出来的蛋白质胶结在一起，并且很规则地排列，就产生了坚硬且光泽柔和的性质了。图6-10展示了珍珠里面的文石排列图案，文石周围都是蛋白质。

图6-9　珍珠

(a) 表面结构，可见一个一个文石晶体定向排列

(b) 横截面结构，可见一层一层的文石像砖块堆砌一样的结构

图6-10　珍珠里面的文石所具有的定向排列结构（电子显微镜下照片）

可以认为珍珠是一种纳米材料。你听说过纳米材料吗?纳米材料利用的就是晶体的小尺度,晶体小到纳米级时会产生一种大颗粒晶体所不具备的性质,这就是纳米材料。珍珠里面的文石晶体都是纳米(或微米)级的,所以珍珠里面的文石与一般的文石性质已经很不相同了。

还可以将珍珠比喻为一种特殊陶瓷。

陶瓷大家都很熟悉,不仅坚硬而且也有一种漂亮的光泽。陶瓷是人们将矿物原料粉碎后在高温炉里面烧制形成的,一般需要1 000 ℃~1 400 ℃的高温。但是,珍珠却是在贝壳身体里面、在海水温度(近常温)条件下形成的。可以想象,贝壳像一个神奇的"炉子",在常温下就可以形成"陶瓷"!

珍珠的"纳米材料"的性质和"特殊陶瓷"的性质都归功于形成珍珠的有机生命体中的蛋白质。在生命体中晶体的生长、排列、胶结等问题目前正在被关注,并正在形成研究热潮。你对此感兴趣吗?希望上面的介绍能激起你的兴趣并投入研究中!

6.4 一些常见的宝石和玉石有哪些特征?它们的产出条件是什么?

下面介绍几种大家熟悉的宝石和玉石,以及它们的产出条件。

钻石(Diamond):矿物学名称为金刚石,化学成分为C。钻石的硬度是最大的,而且光泽很强,所以它具有"坚固无敌"和"光彩夺目"的特征,被称为"宝石之王"。

钻石一般总要加工成圆多面型,这种切面型已经在国际上形成统一标准了,它是根据全内反射原理设计的,即光线射入钻石后,经过各切面的反射、折射,光线全部反射回来了,反射回来的光线会色散成彩光,这就是钻石切面能产生"火焰"的原因(图6-11、图6-12)。

 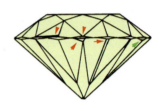

顶面　　　　　　　　　　　纵面

图6-11　钻石的圆多面型

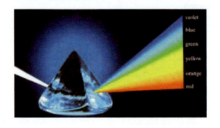

图6-12　钻石的"火焰"示意

钻石大多数产在"金伯利岩"中,这是一种来自地下深处的火山岩,在地下深处高温高压下形成的金刚石,被火山爆发带至地面(图6-13)。所以,要找钻石就要找到这种火山岩。此外还有砂矿型,即在一些砂岩中也可能有钻石,这是因为钻石可能被河流搬运到适当的地方沉积下来,被埋在沙粒中。

钻石产地主要在南非,世界上最大的钻石也产于南非,原石重3 106克拉(ct)(1克拉=0.2克),被加工成4颗大钻和101颗小钻,分别镶嵌在英国国王的权杖和王冠上等(图6-14)。

第六章 矿物晶体中的珍品——宝石与玉石

图6-13 火山爆发从地下深处带出金刚石的示意图

图6-14 镶嵌在英国国王权杖上的钻石（被命名为"库里南1号"）

我国现存最大的一颗钻石原石叫"常林钻石"（图6-15），于1977年在山东临沭常林村被农民发现，重：158.786克拉（ct）。此外，我国在辽宁瓦房店、山东蒙阴、湖南沅江、贵州东部等发现了钻石矿。

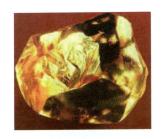

图6-15 常林钻石（原石）

> 钻石的象征意义：
> 　钻石作为订婚或结婚的一种信物，代表着纯洁无瑕、坚定不移；钻石是四月生辰石；人们将结婚60周年或75周年称为钻石婚。

红宝石（Ruby）-蓝宝石（Sapphire）：矿物学名称都是刚玉（Al_2O_3），当刚玉中含微量Cr时呈红色，叫红宝石；当刚玉中含微量Fe、Ti时呈蓝色，叫蓝宝石。但是请注意：刚玉有时还可以呈其他颜色，如黄色、绿色、无色等，如果能达到宝石级别，也被称为蓝宝石，即：蓝宝石不一定是蓝色。

红宝石与蓝宝石在声望上仅次于钻石,并且是同属一种矿物,所以也被称为"姊妹宝石"。钻石、红宝石、蓝宝石、祖母绿被称为世界四大珍贵宝石。

红宝石与蓝宝石的特色是:颜色瑰丽、质地坚硬(硬度仅次于钻石)(图6-16)。颜色指标是红、蓝宝石最重要的价值标准,红宝石的颜色以血红、鲜红为上品,尤以鲜红中微透紫色为上品,称为"鸽血红",这种红宝石主要产自缅甸,所以又称"缅甸红宝石";蓝宝石的颜色以深蓝、海蓝为上品,尤以深蓝中微带紫色为上品,称为"矢车菊蓝",这种蓝宝石主要产自克什米尔,所以又称"克什米尔蓝宝石"。

这个命名好奇怪!即刚玉的颜色如果是黄色或绿色,也在宝石界被称为蓝宝石。只有红色的刚玉被称为红宝石。

图6-16 红宝石和蓝宝石

红宝石主要产在大理岩(一种重结晶变质的碳酸盐岩石)中,蓝宝石主要产在玄武岩(一种富Fe、Mg的基性火山岩,来源于地下较深处,但不及金伯利岩来源深)中。此外,在一些花岗伟晶岩(富含K、Na、Si的岩浆在地下不太深处但为封闭条件下形成的岩石）中也有红、蓝宝石产出。

世界上产红宝石的国家主要是缅甸、泰国，产蓝宝石的国家主要是斯里兰卡、中国、澳大利亚。我国的蓝宝石主要产在山东。

祖母绿（Emerald）—海蓝宝石（Aquamarine）：矿物学名称都是绿柱石（$Be_3Al_2[Si_6O_{18}]$）。当颜色为青翠深绿时叫祖母绿，是世界四大宝石之一，很罕见和珍稀；当颜色为天蓝色至海水蓝色时，叫海蓝宝石，其价值要比祖母绿低廉得多。祖母绿的颜色由Cr、V引起，海蓝宝石的颜色由Fe引起（图6-17）。

祖母绿多产出于富Fe、Mg的超基性岩的交代变质岩（即来源于地下深处的超基性岩被后期的热液改造蚀变而成的岩石）中，海蓝宝石主要产出于花岗伟晶岩（富含K、Na、Si的岩浆在地下不太深处但为封闭条件下形成的岩石）中。世界上最优质的祖母绿主要产在哥伦比亚，我国的云南也有祖母绿，但颜色不够好；世界上优质海蓝宝石主要来自巴西，我国新疆阿勒泰、云南哀牢山、四川、内蒙古、湖南、海南等地均找到了海蓝宝石。

> 红宝石与蓝宝石的象征意义：
> 红宝石是七月生辰石，是结婚40周年纪念石；蓝宝石是九月生辰石，是结婚45周年纪念石。

(a)

(b)

图6-17　祖母绿（a）和海蓝宝石（b）

> 祖母绿和海蓝宝石的象征意义：
> 祖母绿是五月生辰石，代表着春天大自然的美景和许诺；海蓝宝石是三月生辰石，代表着"海水的精华、航海家的福神石"。

翡翠（Jadeite）：不是一种矿物晶体，而是许多极微细的矿物晶体组成的集合体，微细的矿物主要是硬玉，化学成分为：$NaAl[Si_2O_6]$。其名称中，翡代表红色，翠代表绿色。翡翠以质地细腻、绿色均匀、透明度好（又称"水头好"）为上品（图6-18）。

> **翡翠的象征意义：**
> 翡翠为东方人所喜爱，有"佩之益人生灵，纯避邪气"的观念。翡翠与祖母绿一起为五月生辰石，象征着幸福、幸运、长久。

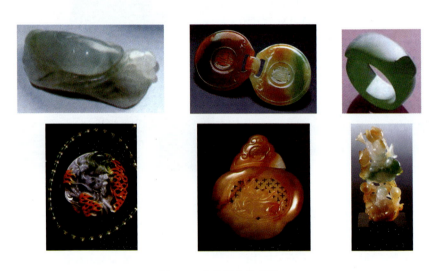

图6-18　各种颜色的翡翠

翡翠主要产于蛇纹岩化的橄榄岩里（一种由橄榄石组成的岩石，这种岩石一般来源于地下很深处，后经过化学蚀变而成）。世界上最优质的翡翠产于缅甸，世界上最大的一块翡翠于1982年在缅甸发现，重33吨。

独山玉（Dushanjade）：也称南阳玉，是中国特色玉种。它也不是一种矿物晶体，而是由许多矿物晶体组成的集合体，这种集合体形成了一种岩石，叫蚀变斜长岩，矿物组成为斜长石、黝帘石、云母等。颜色多变，一般以绿色和羊脂白色且呈微透明状、质地细腻为上品。独山玉主要作玉雕材料，少数质量好的也可作首饰玉件（图6-19）。

图6-19 独山玉雕件

独山玉产于我国河南南阳市北的独山,因产地而得名,有"南阳翡翠"之称。独山玉是岩浆后期热液交代原基性岩石而形成。

6.5 宝石与玉石是怎么划分等级的?

同样一种宝石或玉石,由于品质不同而价格相差几百倍甚至几千倍,这就是宝石和玉石等级划分的意义。每种宝石或玉石划分等级的具体标准是不同的,但总的来说主要是根据:颜色、透明度和净度、切工、粒度。

颜色一般要求均匀、柔和、饱满;透明度和净度要求内部不含杂质和裂隙;切工要求切磨的面在大小、角度方面准确无误;粒度则是指颗粒越大越好。

例如:绿柱石晶体如果颜色为青翠深绿色,称祖母绿,其价值要比一般无色或浅色绿柱石宝石(或海蓝宝石)高出几千倍(图6-16)。翡翠的翠绿鲜艳、饱满、柔和并且剔透,价值就要比一般翡翠高出几千倍(图6-18)。

此外,对于翡翠,商人们通常用"A货"、"B货"、"C货"来划分它们。"A

货"是指自然纯真的翡翠,"B货"是指经过酸溶液对原翡翠的杂质进行"漂白"处理的翡翠(图6-20),"C货"是指经过人工染色的"翡翠"。

图6-20 "B货"翡翠(左边为漂白处理过的翡翠)

地球这个巨大的晶体生长实验室,具有高温高压、低温常压等各种不同条件,在某些特定条件下,会形成一些瑰丽、稀少的珍品,这些矿物珍品"躲藏"在地球的某些角落,激发人们产生无限的遐想,并为之探险、求索!

参考文献

1. 赵珊茸. 结晶学及矿物学(第2版)[M]. 北京:高等教育出版社,2011.
2. 何涌,雷新荣. 结晶化学[M]. 北京:化学工业出版社,2008.
3. 秦善. 结构矿物学[M]. 北京:北京大学出版社,2011.
4. 桑隆康,马昌前. 岩石学(第2版)[M]. 北京:地质出版社,2012.
5. 李娅莉,薛秦芳,李立平,等. 宝石学教程[M]. 武汉:中国地质大学出版社,2006
6. 彭志忠. 五次对称轴和准晶态的发现及其在结晶学、矿物学和地质学中的意义[J]. 地质科技情报,1985(3):1~19.
7. 彭志忠. 准晶体的构筑原理及微粒分数维结构模型[J]. 地球科学,1985(4):159~171.